芯片制造厂房建设全生命周期管理模型理论与实践

张 岚 等著

上海大学出版社

本书编写团队

团队领导者 / 主要著作人

张　岚

团队成员 / 共同著作人

刘建强　方　艺　陈　健

强震宇　张昊宸　范志涛

岳　赟　蒋熠颖

序 /

超大规模半导体集成电路（芯片）是信息产业的基础，对整个国民经济和社会发展意义重大，是构筑大国竞争力的核心产品之一。而作为芯片制造厂房，必须为芯片的生产制造提供所需要的环境、结构、空间、动力设施等，处理经生产制造过程中产生的废水、废气，在符合国家相应排放标准之后接入市政管网或单独处理。

芯片制造厂房的项目管理涉及多个专业，是一项较为系统的工程，必须在进度、质量、成本和安全环保的约束之下开展和交付。其管理的核心便是将生产制造的需求转化为建设行业所能理解的专业要求、技术规格书等，或是转化为工程技术人员的设计任务，以图纸、模型、技术参数、工艺要求等形式的设计文件输出后，通过采购、分包，选择优质、合适的承包商、供应商把设计转化成芯片制造厂房实体。

国内芯片制造厂房建设虽然取得了一定的成绩，基本满足了生产制造企业的产能需求，但有相当一部分建设项目存在预算严重超标、建设质量低下等现象，尤其是工艺相关系统的建设未能完全满足生产制造需求而影响芯片生产制造的良品率，对芯片生产制造企业的社会效益和经济效益造成了较大影响，也在一定程度上制约了国内芯片制造厂房建设的良性发展。因此，对芯片制造厂房建设项目重新梳理，建立一套具有行业参考价值的、具备较高可操作性、覆盖全生命周期的管理模型，对于应对激烈的市场竞争和瞬息万变的技术发展而言是十分必要的，既可以提高芯片制造厂房的投资收益，也可以提高芯片制造企业的产品良品率，促进国民经济的发展，提高我国的芯片制造自主能力和竞争力。

芯片制造厂房建设项目从立项开始，经概念设计、初步设计和施工图设计，由建设单位招标，承包商进场进行结构、建筑施工，再到机电系统、工艺专业系统等安装、联调并交付厂房，周期一般为16—18个月。在建设过程中，各阶段执行主体的变化以及内部职能的变化致使芯片制造厂房建设项目的管理目标并不连续、稳定，其责任和权限也随阶段的发展而相应变化。同时，由于芯片生产制造的机台对环境、动力等有着严苛的技术约束，所涉及的专业多且要求高，各专业的供应商选择便至关重要。在供应商的管理及其与建设项目的协调中，也将产生大量的技术确认和管控工作。此外，作为具有一定战略意义的芯片制造厂房建设项目，各地政府及相关部门都给予高度重视，并积极参与项目的立项、协调、申报、审批、交付和验收等诸多环节，使整个芯片制造厂房建设项目的管理工作更为严谨而复杂。综上，为应对芯片制造厂房建设项目的长周期、多变化、高要求等特点，对于芯片制造厂房建设项目而言，必须建立一套行之有效的管理模型。

本书的作者张岚先生，曾多次带领团队主持、参与国内外芯片制造厂房建设项目，正值我国芯片产业发展的关键时期，张岚先生站在行业发展的高度，将自己主持、参与芯片制造厂建设的理论、经验进行总结并按芯片制造厂房建设的生命周期发展逻辑建立起一套较为系统、科学，具有较强实际指导性的管理模型，以此为相关的从业者提供参考借鉴，这也是本书张岚先生出版这本著作的初心和目的。

本书所提出的管理模型，依据项目管理全生命周期进行阶段划分，分阶段建立相应的子模型，从实践中提炼出核心管理方法和管理流程，并在相关的案例中阐述、论证这些模型，形成芯片制造厂房建设的管理逻辑和管理框架，为相关从业者提供了简单易懂、可借鉴可操作的方法和工具，以提高相关从业者个人及其组织的技术和管理能力。

芯片行业的各项技术一直在快速发展，芯片制造厂房建设项目的管理模型也需要与时俱进地不断调整和完善。期待张岚先生及其团队继续深入、研究、积极实践、持续改进，完善本书中的管理模型，为芯片制造厂房建设项目的管理作出新的贡献。

是为序。

张开军

2022年10月

前言

集成电路的核心产品是芯片，芯片制造厂房建设起源于20世纪70年代的美国，至20世纪90年代才随着天津摩托罗拉工厂的建成正式进入中国，经过近30年的引进、变化、迭代，我国已经能够独立建设大型集成电路的制造厂房，但其核心产品——芯片，生产工艺复杂，其对材料、结构、机电、工艺的要求也十分苛刻，建设单位虽已聘请专业的设计机构、独立的第三方监管公司，建成后的厂房仍经常出现无法满足芯片制造工艺要求、厂房建设成本超标、改扩建困难等情况，其根本原因在于我国芯片制造厂房的建设过程主要依靠建设单位的项目经验和管理能力，缺乏必要的技术积累和沉淀，造成重复犯错，也未能提炼、总结并形成具有行业推广价值的逻辑模型，难以提高芯片生产厂房建造的技术能力，严重制约了我国芯片产业的发展。

作为一家长期从事芯片制造厂房建设及管理的企业，我们从产业发展的角度出发，综合国内外多种类型的项目经验，经过长期的技术积淀，总结并形成了一套基于项目管理知识体系（PMBOK）的芯片制造厂房建设全生命周期管理模型。该模型将芯片制造厂房的建设划分为策划、设计、施工和交付四个管理阶段，同时结合建筑项目和芯片产业的相关法律法规、标准确定了五方责任制，系统地论证了各阶段的工作范围、主线目标、主要风险和执行方案，并以各阶段的管理和交付内容为核心对象进行系统的论述、建模，加之典型项目案例进行深入阐述与实际论证，从全生命周期管理的角度出发，全方位地解决厂房建设过程中各阶段的主要问题，从而实现项目整体最优，帮助生产企业提高芯片良品率的最终目标。

　　该芯片制造厂房建设全生命周期管理模型具有较强的行业指导性和项目适用性，助力我国芯片产业的发展。该模型可供芯片产业的投资方、建设方、研究机构、设计单位、建筑企业、管理咨询公司等借鉴参考，也可为高等院校相关专业的师生提供一定的研究方法与研究思路。

目录

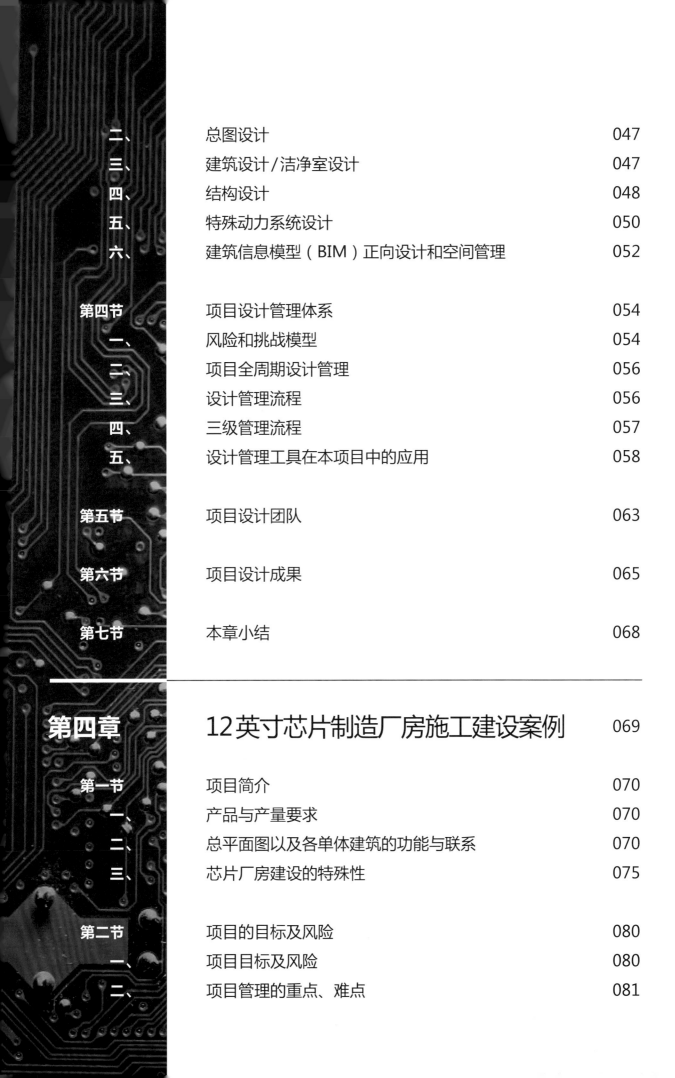

第一章 概 论

　　本章介绍芯片制造对厂房和设施的要求，通过对芯片行业的相关调研，提出芯片制造厂房建设中存在的主要问题，总结并形成芯片厂房建设目标和风险模型，以此作为芯片制造厂房全生命周期管理的核心对象。

　　本章还介绍本书撰写的目的、内容、结构和意义，并引入贯穿全书的三个管理模型和部分重要术语。

第一节　芯片制造对厂房和设施的要求

芯片产业从诞生至今经历了三次产业转移，每一次转移都提高了芯片制造的技术和工艺，其对厂房和设施的要求也呈现复杂、严苛等主要特征。随着我国社会经济的发展和产业转型，各相关产业对芯片的需求不断增长，形成了规模巨大的芯片市场，为满足市场需求、抢占市场先机，各芯片制造企业相继扩大产能，积极开展芯片制造厂房建设。

一、芯片产业的发展历史

芯片产业起源于20世纪50年代的美国，一家名为"仙童"（Fairchild）的半导体公司首次将集成电路及其技术推向商业化，有效推动了美国在科技领域的飞跃式发展，也催生了一批如Intel、AMD这样的芯片公司。

到了20世纪80年代，芯片产业发生了第一次转移，众多日本芯片公司，如三菱、富士通、NEC、东芝等，利用日本制造业崛起的优势，在芯片制造方面持续做大做强，承担全球近80%的芯片产量，使日本的汽车、工业、计算机等产业领域得到高质量、快速度的发展，一举成为经济强国。

芯片产业第二次转移发生在20世纪末，其标志是韩国、中国台湾半导体产业的崛起。在这一时期，韩国的三星、中国台湾的台机电等芯片公司占据了全球芯片制造的半壁江山，形成了与美国、日本等老牌芯片制造强国均分市场的整体格局。激烈的市场竞争也带来了芯片技术的高速发展，芯片制造在基础材料、工艺设备、厂房建设等方面的要求也越来越高。

第三次转移对于中国而言可以说是具有战略意义的。随着全球经济一体化发展的脚步，各种产业早已被紧地密联系在了一起，形成了以产业链为核心的经济格局。基于产业链的核心环节博弈也成为了各国的竞争焦点，芯片产业便是其中之一。复杂多变的国际局势，让中国越来越重视产业链核心环节布局的战略意义和重要性，随之儿来的芯片产业第三次转移就是中国开始逐步承接芯片的生产制造，逐步实现芯片自主的战略过程。

另一方面，产业的发展也与芯片技术的进步紧密相关。图1-1展示了Intel公司由1970年的10 μm工艺、2 250个晶体管芯片到2013年的22 nm工艺、18.6亿个晶体管芯片的技术发展过程，这一过程是具有产业代表性的，其揭示了芯片基于摩尔定律，在单位面积上晶体管数量与宽带发展的历程。显然，芯片制造过程非常复杂、精准，对生产厂房的要求也是非常高和严苛的，厂房建设质量的好坏直接影响芯片生产的良品率。在芯片技术的发展中，单位面积上的晶体管数量不断增加，以致平面难以满足发展需求而出现立体鳍型晶体管，同时，线宽也在持续减小，在2016年时已实现10纳米工艺的应用。芯片技术的每一次更新换代都是通过先进的机器设备来实现，而机台设备生产中，又依靠这些进入机台的动力服务介质的质量和数量以满足机台的生产需要，因此，芯片制造厂房所提供的环境、动力设施是否能够满足机台的规格要求对芯片的生产良品率十分重要。

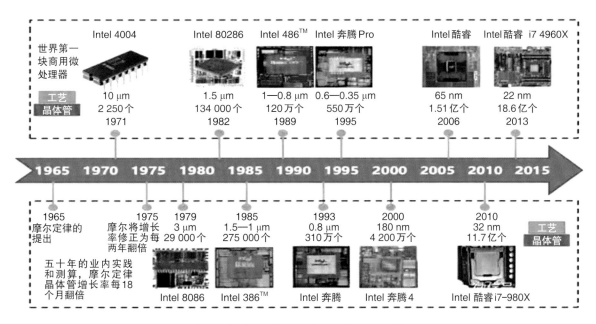

图1-1　Intel公司芯片技术的发展过程

二、当前芯片产业的市场分析

芯片产业和芯片技术发展至今，其市场已经呈现多元化的特点。

2021年全年芯片产业市场的销售额约为5 830亿美元，相比2020年增长25.1%。从芯片的应用场景来看，计算处理芯片仍然是芯片产业增长的主要来源，约占整个市场份额的38%，其次为通信芯片，占比也高达约31%；值得一提的是，伴随新能源汽车市场兴起，车辆芯片随之也有了较大幅度的增长，占比已达到11%左右（图1-2），但居全球芯片销售额前十位的芯片公司仍然集中在美国、日本、韩国和中国台湾（图1-3）。

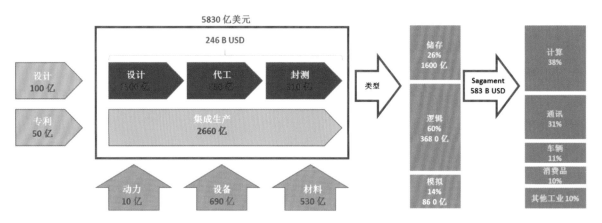

图1-2　芯片产业的细分市场以及产品应用场景分析

2021 Rank	2020 Rank	Vendor	2021 Revenue	2021 Market Share (%)	2020 Revenue	2020-2021 Growth
1	2	Sansung	75,950	13.0	57,729	31.6
2	1	Intel	73,100	12.5	72,759	0.5
3	3	SK Hynix	36,326	6.2	25,854	40.5
4	4	Micro Technology	28,449	4.9	22,037	29.1
5	5	Qualcomm	26,856	4.6	17,632	52.3
6	6	Broadcom	18,749	3.2	15,754	19.0
7	8	MediaTek	17,452	3.0	10,988	58.8
8	7	Texas Instruments	16,902	2.9	13,619	24.1
9	10	NVIDIA	16,256	2.8	10,643	52.7
10	14	AMD	15,893	2.7	9,665	64.4
		Others (out of Top 10)	257,544	44.1	209,557	22.9
		Total semiconductor	583,477	100	466,237	25.1

图1-3　2021年全球芯片公司销售额排名（前十位）

　　视线回到中国，2020年中国大陆地区芯片市场约为1 430亿美元，而2020年中国大陆地区的芯片生产能力约为227亿美元，自给率不足16%；而根据既有的芯片市场发展趋势及其对应的产能增幅进行推算，到2025年，中国大陆地区芯片市场预计可达2 230亿美元，而对应的芯片生产能力仅为432亿美元，自给率约为19.4%，依然未超过20%（图1-4）。可见，我国芯片市场规模庞大，并且出现了自身芯片生产能力无法满足市场发展需求的情况，这为我国芯片制造带来巨大机遇的同时，也带来了严峻的挑战。

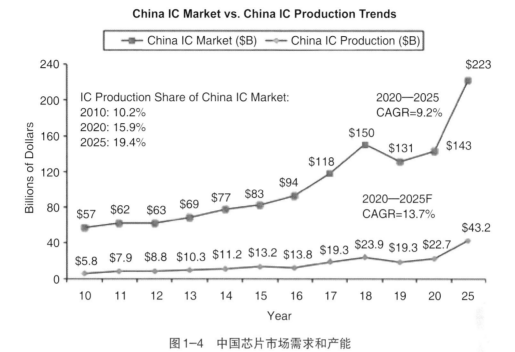

图1-4　中国芯片市场需求和产能

三、芯片制造对厂房及设施的要求

芯片制造是在厂房中开展和实现的，基本流程是确定生产工艺，配置生产设备和机台，形成合理的生产工序和生产路径；根据生产工序配置操作人员进行生产，在生产路径中确定关键质量检测点，检验每道工序间成品的质量，最终形成质量合格的产品。

芯片制造的生产工序和生产路径大致为：将多晶硅片初步加工成硅锭，硅锭经切割、研磨、抛光和清洗，形成单晶硅，之后再经光刻、刻蚀、离子注入、扩数，过程中采用化学气相沉积或物理气相沉积，最后经过化学机械研磨，进入晶圆测试，测试合格后切片、焊线、塑膜，完成质检并下线，形成最终的芯片产品。

芯片制造对厂房提出的要求首先体现在设计任务书上。

芯片制造企业在厂房建设策划立项阶段就需要确定该厂房的生产模型，并将其转换成为设计单位能理解的设计任务书。这个阶段中所提出的建设要求必须充分落实在设计任务书中，设计任务书的准确性和及时性直接影响芯片制造厂房生产的良品率。这些要求在一定程度上体现了芯片制造厂房建设策划的双向要求性，即芯片制造企业要精准地提出建设要求，而设计单位要精准地理解要求，这也考验着芯片制造企业和设计单位双方的合作默契程度和项目管理能力。

芯片制造对厂房提出的要求还会体现在关键设施上。

芯片制造厂房必须能够提供符合生产设备和机台要求的动力设施，满足生产设备和机台的动力需求。完备的动力设施是生产设备和机台运作的必要保障，一旦动力设施存在缺陷或隐患，芯片的制造就将受到影响，良品率将大大下降，芯片制造效率明显降低，为芯片制造企业带来巨大的经济损失。因此，动力设施在整个芯片制造厂房建设中扮演着重要角色，也是芯片制造厂房建设中的重点和难点。

最后，芯片制造对厂房及设施的诸多要求都将分解到建设项目的整个过程中。

设计单位充分理解设计任务书之后，对设计任务进行分析、梳理，将之转化成各专业的功能需求，在满足设计标准的前提下，兼顾施工操作性和经济性，开展施工设计的优化与完善，通过图纸、产品规格书、建筑信息模型（BIM）等形式，将整个芯片制造对厂房及设施的要求分解到每个功能设计工作中。

施工单位则将根据图纸、产品规格书、建筑信息模型，通过组织相应的资源，合理地、安全地将厂房建设出来，并按合同条款组织验收并向芯片制造企业交付。

至此，芯片制造对厂房及设施的各项要求便已基本闭环。

第二节　芯片制造厂房建设存在的主要问题与风险

首先通过调研相关文献[1]归纳出芯片制造厂房建设中存在的主要问题，结合重大项目中出现的普遍问题，识别并形成芯片制造厂房建设全生命周期目标和风险清单，建立基于项目管理知识体系（PMBOK）的芯片制造厂房建设全生命周期管理模型。

一、芯片制造厂房建设存在的问题

芯片是高技术高投资产业，图1-5中的红色曲线代表各年份芯片生产线建设成本，例如，在2010年建设一条32/28纳米的芯片生产线，其建设成本约为35亿美元，而一座芯片制造厂房可能包含数条芯片生产线，从其建设投入和建设规模来看，芯片制造厂房显然属于重大建设项目，存在着重大建设项目的通病，其存在的主要问题如表1-1所示。

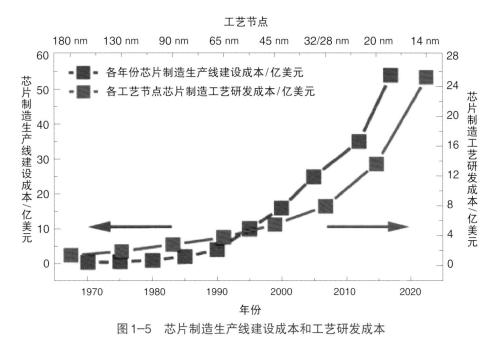

图1-5　芯片制造生产线建设成本和工艺研发成本
随着年份和技术节点推移的变化趋势图（数据来源：IC Insights）

---

[1] 相关调研文献可参见：李忠.创芯公司集成电路厂房项目的质量管理研究 [D].兰州大学，2015；赵京超.九州泰康生物芯片项目质量管理问题研究 [D].吉林大学，2010；钟海.集成电路洁净厂房施工质量管控研究 [D].华中科技大学，2019；何睿超.半导体芯片制造车间制造执行系统关键技术研究与开发 [D].南京理工大学，2018；刘伟光.艾萨公司半导体芯片制造开发项目进度管理与质量管理 [D].华东理工大学，2015；王鹏飞.中国集成电路产业发展研究 [D].武汉大学，2014 等。

表1-1 芯片厂房建设存在的主要问题

序 号	问 题 描 述	产 生 的 原 因
1	芯片生产良品率不稳定	厂房建设未能满足设备和机台的功能需求
2	设备或机台动力供给不稳定	策划、设计、施工等阶段存在不足或错误，未满足建设要求
3	电压暂降	市政供电不稳定、未考虑稳压设计
4	厂务运行系统事故频发	设计阶段、施工阶段存在质量缺陷
5	洁净度不达标	设计阶段对洁净度要求考虑不足、施工阶段存在质量缺陷
6	化学品泄漏	设计阶段存在重大缺陷、施工阶段存在质量缺陷
7	气体排放不达标	设计阶段对相关环境标准和要求考虑不足、施工阶段存在质量缺陷
8	厂房改扩建困难	策划阶段未考虑扩建要求
9	项目超预算、延期或质量不达标	整体管理过程失控，策划、设计、施工等阶段的管理主体责任不清

表1-1中所列的只是芯片厂房建设存在的主要问题，在建设项目中还会遇到各种各样的棘手问题，因此，有必要识别并形成芯片制造厂房建设全生命周期各阶段的目标和风险。

二、全生命周期各阶段的目标与实现目标存在的风险

基于芯片厂房建设中存在的问题，依据项目管理知识体系（PMBOK），识别芯片厂房建设全生命周期各阶段的目标和风险，系统地梳理芯片制造厂房建设各阶段的工作目标、主要风险、管控重点，整体性、系统性地管理芯片制造厂房建设项目。

表1-2 芯片厂房建设全生命周期各阶段的目标和风险

阶段	策划阶段	设计阶段	采购阶段	施工阶段	交付阶段
阶段目标	1 可行性研究 2 立项 3 项目技术方案	1 反映生产模型 2 建筑设施质量 3 全生命周期成本	1 满足技术要求供应商 2 价格合理 3 合规	1 按约束条件交付 2 变更、索赔管理 3 主要领导稳定	1 区域建筑、结构、装饰符合要求 2 机电、工艺系统符合要求，调试完成 3 符合政策，业主相关手续
主要风险	1 生产商业模型不稳定 2 地方政策不断变化 3 技术方案进度/成本/质量约束	1 颠覆性错误 2 变更 3 进度	1 低价中标 2 唯一指定 3 供应链受限	1 安全、进度、质量、成本 2 重大变更、索赔 3 重大安全事故	1 消防、特殊专业验收变化和推迟 2 客户使用方提新要求 3 总包拖延整改

续　表

阶段	策划阶段	设计阶段	采购阶段	施工阶段	交付阶段
方法	1　IE转化能力 2　地方政策积累 3　建设相关数据库	1　输入管理 2　过程管理 3　输出管理			

由表1−2可知，在芯片厂房建设全生命周期中存在着诸多目标，与目标对应的风险也贯穿着整个生命周期。表内所梳理的仅仅是芯片厂房建设全生命周期中的主要目标及其风险，在实际项目中，还会因为各个项目自身的特殊性而呈现各种各样的目标和风险。面对这些目标和风险，芯片厂房建设项目亟待一套科学合理、行之有效的管理模型。

第三节　基于项目管理知识体系（PMBOK）的芯片制造厂房建设全生命周期管理模型

梳理项目建设全生命周期中策划、设计、施工和管理的逻辑关系，建立基于项目管理知识体系（PMBOK）的芯片制造厂房建设全生命周期管理模型，结合相关方的职责梳理，整体、有序地推动项目建设。

一、 基于项目管理知识体系（PMBOK）的芯片制造厂房建设全生命周期管理模型的逻辑

图1-6是基于项目管理知识体系（PMBOK）的芯片制造厂房建设全生命周期管理模型的逻辑示意，也是基于项目管理知识体系（PMBOK）的芯片制造厂房建设全生命周期管理

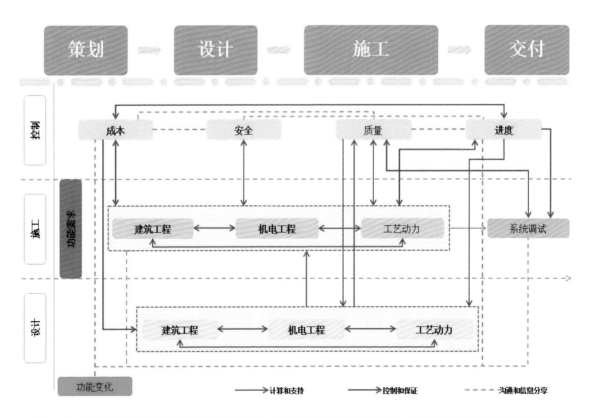

图1-6　基于项目管理知识体系（PMBOK）的芯片制造厂房建设全生命周期管理模型的逻辑示意

模型的整体构思。我们依然以策划、设计、施工、交付四个主要阶段作为整个生命周期的纵向逻辑分割，在每个阶段中以设计、施工和控制作为横向逻辑分割，从而可以形成相对独立又能够以横向功能要素为联系的逻辑网格。

策划阶段是整个模型的逻辑开端，主要是沟通、协调和充分理解芯片制造企业对厂房的功能需求，使芯片制造企业的所想与策划阶段的输出保持一致，所以其在横向的逻辑分割中主要功能需求和功能变化为要素，分别向设计、施工和交付提出策划阶段的要求。策划阶段是设计阶段的前道工序，直接影响设计阶段和施工阶段的质量和进度。

设计阶段至关重要，它既上承策划阶段，又下启施工阶段。所以，设计阶段在其横向逻辑中不但要开展基于策划提出的功能要素的具体设计，又必须从纵向逻辑的角度考虑其对施工的功能实现。设计单位运用自身的知识、能力和技术，同时满足相应的设计标准、规范和经济性要求，完整地设计芯片制造厂房，并通过建筑信息模型（BIM）、图纸、技术规格书、计算书等在虚拟环境下把所需建设的厂房表现出来。

施工阶段实际是一个真正的芯片制造厂房的功能实现，其从纵向逻辑而言是必须将设计的功能和控制的要素都落实到位的，而在其自身的横向逻辑中，随着项目的开展，将会产生大量的功能实现问题和控制要素问题，虽然此可以由相关方按设计进行开展，但其主体责任的重大和逻辑联系的关键性不言而喻。

交付阶段是整个逻辑的收尾，也是闭环的一个里程碑。从纵向逻辑而言，其主要考虑功能的最终实现与否和控制要素的闭环程度。当然，作为一个富有责任感和使命感的阶段，其中将引入专业第三方机构开展相关交付验收工作，所以，其在横向逻辑上非常强调对于控制要素的把握。

图中的成本、安全、质量和进度则是控制要素，是各横向逻辑的关注点，必须按质量、进度、成本等要求安全地推进项目。

此外，虽然未在图中体现，但芯片制造企业，即客户的重要性也是需要评估和审视的。芯片制造企业是项目需求的主体和项目资金的来源，是整个建设项目的管理重点，在项目管理和推进过程中，对于客户的逻辑考量也需要根据项目实际情况进行循环评估和审视。

二、 基于项目管理知识体系（PMBOK）的芯片制造厂房建设全生命周期管理模型

基于上一节所述的逻辑思考，我们进一步将其落实到整个项目的实际工作中，将逻辑思考付诸实际行动，才能够在芯片制造厂房建设中步步为营、稳步推进。

因此，我们基于项目管理知识体系（PMBOK），构建了一套芯片制造厂房建设全生命周期管理模型（图1-7）。

图1-7 基于项目管理知识体系（PMBOK）的芯片制造厂房建设全生命周期管理模型

在图1-7展现模型中，我们依然将横向分为策划、设计、施工和交付四个阶段，这四个阶段不仅能够体现各自功能实现和管理要素等具体工作的相对独立性，更能够有效划分是整个项目的里程碑，便于开展高效的全生命周期管理。

在横向阶段划分完毕后，我们在每个纵向，以生产（2000）为主轴，确定主要的工作内容和节点，组成每阶段的生产体系，而输入（1000）则是进行生产的主要依据，而输出（3000）则是生产体系的输出成果。约束（4000）则是约束条件，是纵向贯穿每个阶段的控制要素。整个模型与上一节所述的逻辑相一致，关于该模型的具体介绍将会在后续章节按阶段展开，在此仅作引入。

三、相关方关系模型

鉴于我国芯片市场的巨大潜力和当下的产能供给情况，越来越多的人已经意识到了其中的战略意义。当前正是我国转型发展的关键时期，政策渐渐加大了对芯片产业投资的倾斜力度，我国芯片产业也迎来了良好的发展契机，带动了一批芯片制造企业来华投资，其芯片制造厂房也不断转移至国内；另一方面，伴随着政策利好，我国自主的芯片产业也得到了良好的发展机遇和资金支持，新兴起一批具有自主研发能力的国内芯片制造企业，随之而来的是新一轮的芯片厂房建设需求。这些转移或新兴的芯片制造企业往往能够获得政府的有力扶持，按芯片制造企业的需求进行由政府代建，理解各相关方的关系，可以有效地组建一个有力的团队，推动项目建设。

如图1-8，甲方通常由政府和企业（B/C公司）通过合作共建的形式组成，为便于建设项目的统筹和管理，政府和企业往往都会抽调相关负责人员组成指挥部。在具体职能方面，政府以代建的名义作为项目的出资人和组织者，而B/C公司即芯片制造企业，是真正的使用方，政府按B/C公司提出的要求，结合相关政策考虑和区域规划，开展芯片制造厂房项目的招投标。在相关招投标流程结束后，中标的管理公司开始作为甲方的具体执行者与以监理、总包、设计、勘察等为代表的乙方具体执行者对接并开展项目建设的工作要求输出、管理实施、质量验收等活动。

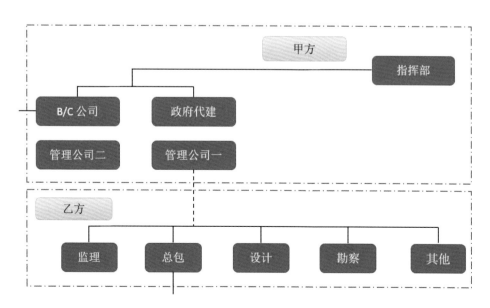

图1-8　相关方合同关系模型

四、术语

项目管理知识体系

是描述项目管理的专业知识术语，包括通过实践检验、并得到广泛应用的通用方法和已经得到部分应用的、先进的创新方法。由美国项目管理协会提出。按所属知识领域可分为9类：集成、范围、时间、成本、质量、人力资源、沟通、风险和采购，以及每个知识领域中的项目管理过程。

全生命周期管理

就是指从芯片制造厂房建设的需求开始，到芯片制造厂房废弃的全部生命历程。其是一种先进的信息化管理思想，可让人们思考在激烈的市场竞争中，如何用最有效的方式和手段来为芯片制造厂房建设项目增加效益并降低成本。

管理模型

是被设计用来解决芯片制造厂房建设项目的问题和挑战的管理工具或管理方法的提炼。其中包含着一些是解决问题的工具，其设计目的是提高效率与效能；而大多数则被设计为解决特殊情况下产生的特殊问题。管理模型可以为管理决策提供有价值的洞察和牢固的框架。通过降低问题的复杂性和不确定性，管理模型和理论基础可以帮助芯片制造厂房建设项目的管理者有效提高自身的管理效率和管理效益，降低管理成本，避免不必要的管理损失。

第四节　本书的主要内容、结构安排和编撰目的

在引入基于项目管理知识体系（PMBOK）的芯片制造厂房建设全生命周期管理模型后，本节介绍本书的主要内容、结构安排和编撰目的，以便读者在模型的具体展开前对本书的整体情况有一个较为清晰的了解。

一、本书的主要内容和结构安排

本书的主要内容包括六个部分，分别是概论、管理模型、设计项目案例、典型施工案例、特殊技术、专业供应商和设备厂商介绍及结语。

第一章为概论，从已建成的芯片制造厂房中存在的问题入手，梳理并形成芯片制造厂房建设目标和风险清单，以此为芯片制造厂房建设的主要任务和逻辑着眼点；将芯片制造厂房建设的全生命周期划分为四个阶段，分纵向与横向展开逻辑梳理与构思；将逻辑关系按照阶段落实进项目的具体工作内容，建立基于项目管理知识体系（PMBOK）的芯片制造厂房建设全生命周期管理模型，明确不同阶段的主要生产内容、输入条件、输出成果、相关约束等，分阶段有效开展项目管控和推进。梳理相关方，从合同关系入手，明确相关方的沟通机制以及相互的立场和责任。

第二章为管理模型，是基于项目管理知识体系（PMBOK）的芯片制造厂房建设全生命周期管理模型的具体展开。将基于项目管理知识体系（PMBOK）的芯片制造厂房建设全生命周期管理模型按阶段分解为策划阶段生产商业模型、设计阶段设计管理模型、施工阶段施工管理模型、交付阶段交付管理模型和招标采购管理模型，并在各模型的具体阐述中提供具有指导性的项目管理解决方案。

第三章通过具有代表性的实践案例介绍芯片制造厂房的设计和设计管理，同时印证基于项目管理知识体系（PMBOK）的芯片制造厂房建设全生命周期管理模型的科学性与合理性。

第四章通过实际经手的芯片制造厂房施工案例介绍施工阶段的工作内容和管理目标，同时印证基于项目管理知识体系（PMBOK）的芯片制造厂房建设全生命周期管理模型的可操作性与指导性，并进一步展示芯片制造厂房的相关成果。

第五章主要介绍芯片制造厂房建设中区别于其他厂房建设项目的特有结构和施工技术，展现芯片制造厂房建设的重点和难点。

第六章主要介绍在芯片制造厂房建设过程中不可或缺的优质专业供应商和设备厂商。

第七章对基于项目管理知识体系（PMBOK）的芯片制造厂房建设全生命周期管理模型进行技术总结并提出一些关于芯片制造厂房建设的未来发展设想。

本书的主要内容和结构安排详见图1-9。

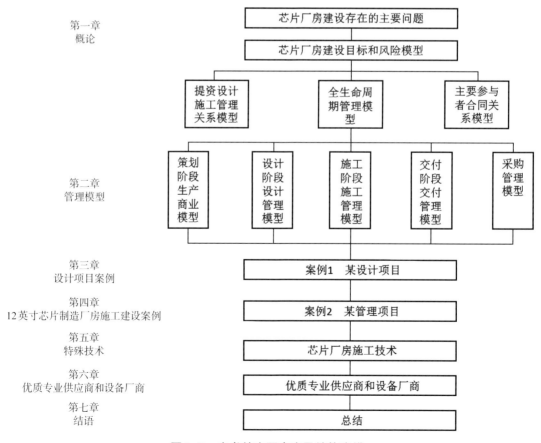

图1-9 本书的主要内容及结构安排

二、本书的编写目的

从芯片制造厂房建设全生命周期出发，系统地梳理各阶段的主要工作任务及其解决方案，建立相应的模型，分阶段处理好各环节、各相关方之间的管理，明确各阶段工作的责任、义务、工作范围和管理要素，形成一个有效合作的体系，从组织上、程序上保障芯片制造厂房的建设。

第五节　本书的编写意义

全生命周期管理模型是指导项目建设的基本模型，只适合项目经理和项目高级管理经理使用，颗粒度比较大，更多地是从宏观层面定义、理解和指导项目建设，而本书提出的"基于项目管理知识体系（PMBOK）的芯片制造厂房建设全生命周期管理模型"以及相应的各阶段子模型则是对全生命周期管理模型的丰富和发展，具有颗粒度细、覆盖面广泛、可操作性强的特点，对芯片制造厂房建设的一线管理人员具有一定的实践意义和较强的指导性。

从经济发展和社会效益角度出发，本书通过模型的建立并在实践项目上的应用，为芯片制造企业节省了大量的项目成本和资源投入，同时也较好地提高了芯片制造厂房建设的效率，在成功交付建设项目后，芯片制造企业均能够按期投产，达到预期的生产目标。

希望本书为我国芯片产业的发展作出绵薄的贡献，助力我国科技强国建设。

第二章　管理模型

　　本章首先强调项目管理模型的必要性和依据，然后依次针对策划、设计、施工和交付等阶段具体展开子模型的论述，随后还将介绍采购中选取参与建设的合作伙伴的要点。

第一节　管理模型的依据和必要性

在对基于项目管理知识体系（PMBOK）的芯片制造厂房建设全生命周期管理模型进行具体分解前，首先需要明确该管理模型的依据和必要性。

一、管理模型的依据

对于"模型"这一概念，目前各学科各领域都有其各自的定义，但这些定义都阐明了一个基本共识——模型是对现实世界的实体或现象按照一定规则所进行的抽象，用于模拟过程、了解状况、预测结果和分析问题。鉴于模型所具备的这一性质，我们便可以梳理实际项目中的各类信息，把具有共性的事物归类，按逻辑，通过模型展示出来，从而反映芯片制造厂房建设全生命周期管理的规律，这也是芯片制造厂房建设项目的系统化、数字化、智能化管理的基础。

基于项目管理知识体系（PMBOK）的芯片制造厂房建设全生命周期管理模型的第一个依据是项目管理知识体系（PMBOK）边界模型（图2-1），我们依据该模型确定芯片制造厂房建设全生命周期管理的边界和约束条件。因为芯片制造厂房建设项目是一个覆盖面广、涉及对象繁多的系统工程，在建立管理模型之前，必须对相关边界和约束进行梳理和整合，明

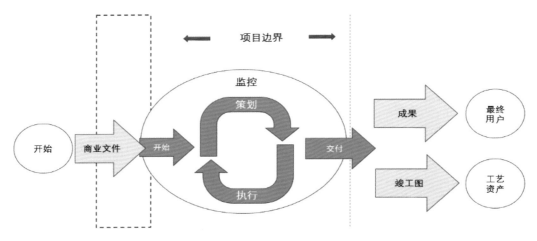

图2-1　项目管理知识体系（PMBOK）边界模型

确芯片制造厂房建设项目的管理范畴，这将影响基于项目管理知识体系（PMBOK）的芯片制造厂房建设全生命周期管理模型的范围。只有确立了边界和约束条件，管理模型在建立和实施中才具备可操作性，才能职责分明、分工翔实，不至于漫无边际、泛泛而谈。

同时，在边界和约束条件下，我们才能将基于项目管理知识体系（PMBOK）的芯片制造厂房建设全生命周期管理模型按各阶段划分子模型，进行目标、实现目标的风险，针对风险主要采取的方法或者是工作重点以及交付成功，形成闭环。

基于项目管理知识体系（PMBOK）的芯片制造厂房建设全生命周期管理模型的第二个依据是项目管理知识体系（PMBOK）全生命周期项目模型（图2-2）。在确定管理模型的边界和约束条件后，我们需要建立一个行之有效的操作流程，这一流程必须是一个系统性的、科学合理的、可操作的管理逻辑，能够将基于项目管理知识体系（PMBOK）的芯片制造厂房建设全生命周期管理模型按各阶段划分为若干个子模型，并按照流程进行目标设定和风险识别。鉴于此，项目管理知识体系（PMBOK）全生命周期项目模型很好地满足了这些要求。项目管理知识体系（PMBOK）全生命周期项目模型提供了以阶段划分为主要逻辑方向（信息流方向）的操作流程，其本质是将项目的全生命周期划分为若干阶段，对每一个阶段进行前输入、后输出、阶段交付成果（产出）的思考，从而将繁琐的管理通过项目管理知识体系（PMBOK）进行简化，能够较好地梳理和把控关键管理要素。我们可以基于项目管理知识体系（PMBOK）全生命周期项目模型对芯片制造厂房建设全生命周期进行阶段划分，并开展相应的管理工作，形成各阶段的闭环管理。因此，我们将项目管理知识体系（PMBOK）全

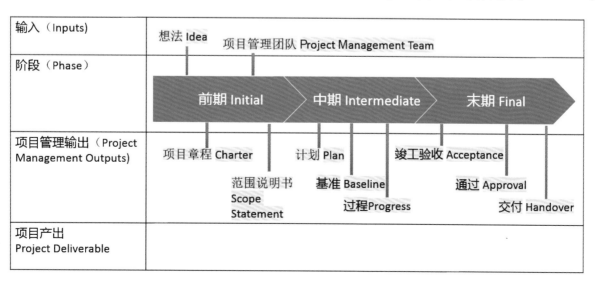

图2-2 项目管理知识体系（PMBOK）全生命周期项目模型

生命周期项目模型确定为基于项目管理知识体系（PMBOK）的芯片制造厂房建设全生命周期管理模型的第二个依据。

二、管理模型的必要性

芯片制造厂房建设项目是一个系统性工程，在项目的整个生命周期中，大多数参与项目的角色职能只覆盖了整个项目生命周期管理的一小部分，这就很难全方位、系统性地理解和开展芯片制造厂房建设项目的全生命周期管理，产生"管理盲区""信息孤岛"等不利情况。因此，有必要建立基于项目管理知识体系（PMBOK）的芯片制造厂房建设全生命周期管理模型，通过可视化的模型，理解流程中的逻辑方向（信息流方向），把握每一阶段的管理风险和管理规律；同时，基于项目管理知识体系（PMBOK）的芯片制造厂房建设全生命周期管理模型的建立也是芯片制造厂房建设项目开展系统化、数字化、智能化管理的基础，能够为各种管理手段、管理技术和管理策略提供平台和接入点。

第二节　二级分阶段管理模型

在第一章中，我们引入了基于项目管理知识体系（PMBOK）的芯片制造厂房建设全生命周期管理模型，通过对该模型的整体描述可知，芯片制造厂房建设全生命周期可划分为策划阶段、设计阶段、施工阶段和交付阶段等四个阶段，本节对这四个阶段建立管理子模型并开展具体描述。

一、策划管理模型

策划：该阶段是基于项目管理知识体系（PMBOK）的芯片制造厂房建设全生命周期管理模型的开端，根据整体管理模型，将策划阶段按照输入、生产、输出和约束四个进行纵向分解和建模（图2-3）。

图2-3　策划阶段在整体模型中的位置

输入：在开展具体管理工作之前，首先需要明确该阶段的输入是否已完备，这是建立策划管理模型的前提，在输入中，主要开展市场调查、技术和工期三个方面的工作。市场调查主要的任务是分析产品的供给和需求、产品的售价以及原材料的价格情况并为商务模型服务，技术工作的主要任务是明确生产过程中所采用的相关技术专利以为后续的技术模型服务,而工期工作的主要内容是预测项目从开始策划到生产的时间,计划资金使用的时间节点,它也是为商务模型服务的。

生产:策划阶段的管理工作主体,依据所需开展的工作,建立策划管理模型。策划管理模型进一步分为商务模型、技术模型、生产模型以落实具体工作。

图2-4是策划管理模型,顶端横向是商务模型、技术模型、生产模型,由于厂房必须建在某一个地方且选址工作至关重要,所以增加了建厂选址一项(有些项目在前期已有规划用地,便不需要开展建厂选址工作,故在整体模型中并未将其纳入),纵向依次是个模型的目标、实现目标的主要风险、针对风险采取的工作方法和重点以及完成目标需交付的成果,在策划阶段表现为设计的提资条件。

建模	商务模型	技术模型	生产模型	建厂选址
对象	• 投资估算 • 经济分析 • 资金筹措	• 产品选型 • 专利授权 • 物料资源	• 主要生产设备 • 生产团队 • 运营计划	• 交通地理,上下游生态 • 动力供给 • 政策优惠
主要风险	• 能否满足投资回报率	• 专利保护	• 产品生产稳定性	• 安全便利
工作重点	• 市场调研	• 企业类似技术应用调研	• 企业内部论证调研	• 选址调研
交付成果 设计提资	• 项目估算 • 项目里程碑进度 • 阶段性资金批准计划	• 技术标准 • FM标准 • 质量标准	• 生产布置图 • 工艺流程 • 机台清单 • 物料清单	• 地块信息 • 项目总平图,立面 • 主要指标

图2-4 策划管理模型

商务模型主要的管理对象是投资评估、经济分析和资金筹措。投资评估主要是从资金方面计算资金回报率,以及预测多少年后收回投入的资金,同时兼顾社会效益。经济分析主要解决的问题是分析建设项目全生命周期的成本、收益,在经济分析的基础上,同时安排资金的时间表与来源。

在商务模型中，主要的风险来自投资回报率的评估，能否满足预期的投资回报率是芯片制造厂房建设项目中所有相关方共同关心的核心问题，也是建设项目能否继续开展的关键决策。针对专利这一主要风险的管控，类似技术调研便成为技术模型的工作重点。市场调研主要分市场需求调研和市场供给调研，分析同类型厂商的生产技术、规模和产能，其目的是通过分析市场类似产品的需求与供给，确保产品能够在市场竞争中实现可观的经济效益。

在完成市场调研等工作后，需要形成书面的工作成果，以便将策划阶段的其他模型的工作成果归纳整理，一并在设计提资中交付。这些工作成果通常为项目估算、项目里程碑进度、阶段性资金批准计划。项目估算是针对项目在建设过程从策划、设计、施工到交付生产所产生费用的预估。项目里程碑进度是根据项目执行过程中必须达到的主要进度目标，这些主要进度目标用以保证项目按计划开展。阶段性资金批准计划是在立项、概念设计、施工图设计完成时所对应的项目估算、概算。其中，施工图预算应由项目领导层讨论之后判断是否继续下一步工作或者是重新修改设计或进行设计优化以控制项目成本。

技术模型主要的管理对象是产品类型、专利授权和物料资源。产品类型是指项目完成后所生产产品的性能、型号和数量等。专利授权是为了确保产品所使用的相关技术专利权利，规避知识产权方面的风险。物料资源则是依据计划生产的产品配置所需要的原材料数量和质量要求。

在技术模型中，主要的风险来自专利，能否获得专利授权或形成自身的专利，是芯片制造厂房建设项目中的核心技术问题，也是芯片市场竞争力的关键。针对专利这一主要风险的管控，有必要开展企业类似技术应用调研，规避技术模型中的专利管理风险。由于在芯片过程中使用的专利比较多，在技术应用调研中，芯片生产企业一般不披露相关的技术专利，而往往是举证已经被市场论证检验、接受的产品。

在完成企业类似技术应用调研等工作后，也需要形成书面的工作成果，以便将策划阶段的其他模型的工作成果归纳整理，一并在设计提资中交付。这些工作成果通常为技术标准、FM标准和质量标准。技术标准是为了满足专业的机台生产与生产环境所需要的动力介质的质量所制定的各类标准。FM标准即Factory Mutual标准，是生产企业购买"生产厂房生产过程中的相关保险"后，由保险公司对拟建厂房在结构和防火方面提出的要求与标准。质量标准则是指厂房建设所必须达到的质量要求。

生产模型主要的管理对象是生产设备、生产团队和运营计划。生产设备清单只需要列举关键设备的名称、设备型号和来源，如某公司的某型号的光刻机。生产团队一般包括一线生产人员、支持人员、研发人员等。运营计划是指在运营中达到既定产量所需的时间、人员、材料、物流等明细计划。

在生产模型中，主要的风险来自生产稳定性，它是未来芯片厂房能否持续创造社会效益和经济效益的关键，也是芯片制造的实施关键。针对生产稳定性这一主要风险的管控，主要开展企业内部论证调研工作，通过调研识别并规避影响生产稳定性的各种风险。生产稳定性的主要指标是产能和良品率，生产过程中以天为单位记录，记录产能和良品率的趋势。

在完成企业内部论证调研等工作后，同样需要形成书面的工作成果，以便将策划阶段的其他模型的工作成果归纳整理，一并在设计提资中交付。这些工作成果通常为生产布置图、工艺流程、机台清单和物料清单等。生产布置图主要表示生产过程中所需要的物理空间，以便建筑设计框算建筑面积；工艺流程则表示物流、人流的路线，以便建筑设计考虑消防等相关要求；机台清单一方面对应工艺原理，通过机台设备来实现工艺意图，另一方面则为了保证机台能正常工作，布置机台所需要的动力，作为设计的基础信息。物流清单是在生产的原材料清单，这些物料需要占用一定的空间，并随着生产在不断补充和流动。上述这些都是设计的输入条件。

建厂选址主要的管理对象是地理位置、动力供给和政策。地理位置一般是描述拟建工厂所在的地址及其与相关城市的交通距离和方式，同时还应考虑拟建地址是否能够满足芯片生产所需电、水、气等基础需求。政策部分是描述拟建地址所在的政府为吸引投资所给出的优惠政策，如税收减免或补贴等。

在建厂选址中，主要的风险来自安全性和便利性，安全生产是所有生产工作的前提，便利性也影响着芯片制造厂房运行后的经济效益。针对安全性和便利性风险的管控，主要开展选址调研工作，通过调研识别并规避影响安全性和便利性的各种风险。安全性主要分为生产安全和社会安全两方面。生产安全主要是针对工艺流程进行的安全性的考虑和辨识，尤其是原材料和生产所需要的其他材料的安全性以及生产工艺本身的安全性。便利性则是针对产业链上下游在运输距离和方式方面的便捷程度的考量。

虽然建厂选址可能并非必须考虑的环节，但在完成选址调研等工作后，依然需要形成书面的工作成果，以便将策划阶段的其他模型的工作成果归纳整理，一并在设计提资中交付。这些工作成果通常为地块信息、项目总平图等。地块信息主要包括用地性质、绿化面积、地块红线等，项目总平面图就是把拟建的厂房及辅助厂房放入地块红线中的土地中进行整体考虑和规划。

输出：策划阶段的输出主要是指生产所最终形成的交付物，这里主要有三个，分别是可行性报告、卫生和安全评估、环境评估。可行性报告是一份具有决策辅助性质的报告，主要是通过产品市场调查以评估项目的必要性和项目的生产模式，论证项目实施的可行性和商务模型以确保项目可以在预定的时间内收回投资并实现盈利。卫生和安全评估的内容主要是辨识和评估项目在建设和生产中对相关人员可能存在的卫生和安全风险，并制定规避这类风险所采取的措施。环境评估的主要内容是辨识和评估由于生产给周边环境和土壤、地下水等带来的风险，包括噪声、排气、排水、光污染等，并制定规避这类风险所采取的措施。

约束：策划阶段的约束是指工作开展中必须遵照执行的相关要求，也是策划阶段工作合法合规、经济可行的前提和保障，它们分别是安全手册、质量预期和预估投资。安全手册主要是在建设过程中如何避免安全事故的策划，主要包括安全计划、实施方案和检查措施。质量预期主要包括基础供给系统的质量保证策划和项目质量控制体系，确保设计质量和施工质量。预估投资的对象分为一类投资费用、二类投资费用和其他投资费用。一类投资费用是指芯片制造厂房的直接投入成本，二类投资费用则包括芯片制造企业用于管理项目和实现项目所投入的人员费用和其他管理成本。其他投资费用包括流动资金和不可预见费，用于保证项目有一定的投入成本的浮动空间。

至此，基于项目管理知识体系（PMBOK）的芯片制造厂房建设全生命周期管理模型的策划阶段基本闭环，可转入下一阶段。

二、设计管理模型

设计阶段是基于项目管理知识体系（PMBOK）的芯片制造厂房建设全生命周期管理模型的核心，在整体模型中起到承上启下的关键作用。根据整体管理模型，将设计阶段按照输入、生产、输出和约束四个进行纵向分解和建模（图2-5）。

图2-5　设计阶段在整体模型中的位置

与策划阶段不同，针对芯片产品更迭快、种类多、制造工艺复杂等特点，前期对产品及工艺的规划难度较大。一般情况下，先进的芯片制造厂房建设都会考虑芯片产品技术的中长期发展路线。所以，设计阶段有必要充分考虑产品市场和工艺生产因素，以及后续的厂房生产运行效率及稳定性。基于此，在设计阶段需要充分考虑策划管理模型中的商务模型和生产模型，将其中的各项管理要素整合并作为设计输入条件后再进行纵向细化分解和建模。

图2-6是设计阶段对商务模型和生产模型的综合考虑示意。由图可知，在设计阶段的生产前，必须与商务和生产两个模型对接。

在商务模型方面，设计阶段主要考虑行业技术趋势、商业市场需求、产业和产能等管理要素和要求。设计阶段必须保证芯片制造厂房能够满足技术发展的需求，使厂房的建设和后

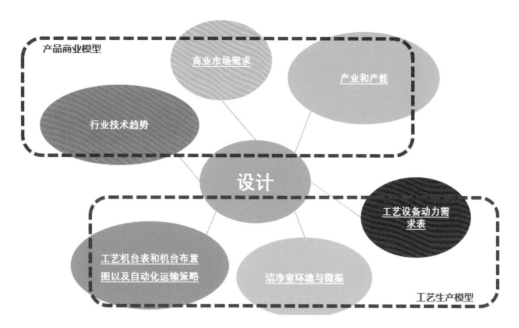

图2-6 基于产品商务模型和生产模型形成设计阶段的输入

续拓展在较长一段时期内可以对接技术发展趋势，这样才能保障芯片企业拥有持续的社会效益和经济效益。商业市场需求主要是为芯片制造厂房提供市场发展趋势和信息，在瞬息万变的市场中，芯片制造厂房所生产的产品应可以敏捷应对市场变化，这也是设计阶段必须考虑的关键要素。产业和产品方面，设计阶段需要充分考虑芯片制造厂房的产业布局和产能调控，做到资源最优化、效益最大化。

在生产模型方面，设计阶段主要考虑机台布局和生产线策略、洁净度与微振、设备动力布局等管理要素和要求。设计阶段需要根据技术发展合理配置机台和生产线，以在硬件和软件两方面确保芯片制造厂房满足中长期技术发展及其对应的生产变革和改良。同时，洁净度和微振是影响芯片产品良品率的关键因素，必须在设计阶段闭环解决。设备动力布局则需要设计阶段充分考虑产业和产能所带来的巨大压力，确保厂房的动力布局能够满足产业和产能的极限。

因此，设计阶段的输入需要综合考虑商务模型和生产模型，形成包括工艺布局、任务书在内的产业产能和技术要求，以及各类技术规范、技术标准、技术规格、节能环保标准等执行要求。此外，还需要包括对项目进度控制，设计、工艺及管理实施、团队配置等各方面的总体原则和指南。这些具体的要求、总体原则和指南，将作为项目设计的总体要求和设计依据。

图2-7是设计管理模型（IDT系统），该模型基于集成设计技术建立，依然以输入、生

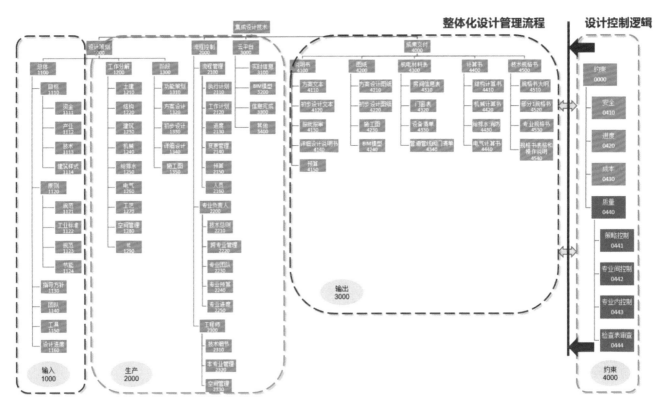

图2-7　设计管理模型（设计管理流程与设计质量控制逻辑）

产、输出和约束为逻辑方向，从设计策划、流程管控、云平台（设计平台及工具）和成果交付四个维度来落实设计阶段的管理要求。该设计管理模型具有广义上的适用性，可以满足国内外业主对芯片制造厂房建设项目的各类要求。在此基础上，项目团队可以根据项目具体的工艺要求、适用规范标准、进度和投资费用来系统化地落实项目管理的职责。

设计策划：设计策划维度主要是为生产提供必要的输入，该维度需要明确的内容首先是总体设计目标，其中包括资金、产业、技术、建筑等方面的要求；设计原则主要明确设计阶段的生产中所需要执行的相关规范、标准等；其他如指导方针、团队、必要的工具以及设计进度安排等也需要在设计策划维度中一并明确。而这些总体的设计目标和设计原则正是根据上一小节中根据所建造项目的产品商业模型和工艺生产模型制定建立的。其次，对于工作的分解也是必须明确的，工作分解主要按照专业进行划分，形成专业明确、职能职责相对独立的组织。最后，在设计策划维度中也需要将设计策划进行工作进度的划分，可按工作的具体开展进度选择适当的里程碑节点。

流程管控：流程管控维度主要采用经典的项目管理理论进行分解和执行，主要涉及三个方面，流程管理、负责人的确定和工程师管理，分别对应项目流程要素管控、负责人及其团队职责管理和相关工程师专业配置管理。该维度也是设计阶段的生产执行主题。

云平台（设计平台及工具）：根据目前的技术发展，设计阶段所采用的设计平台和工具均以实现云端操作，这也打破了芯片制造厂房建设项目管理和工程执行的时空限制，实现多人实施在线的云平台管理。

成果交付：虽然成果交付维度被划入了输出，但其确实为设计阶段的管理核心点，其成果决定了设计阶段管理的成败。为确保成果交付维度的有效管理。根据设计阶段的输入、生产要求、工作重点以及各专业间配合衔接的顺序，制定了芯片制造厂房建设项目的全过程设计管理流程（图2-8），并以安全、质量、进度和造价等因素为制约，使得设计成果合规合需，可靠可行并便于施工、操作和维护。

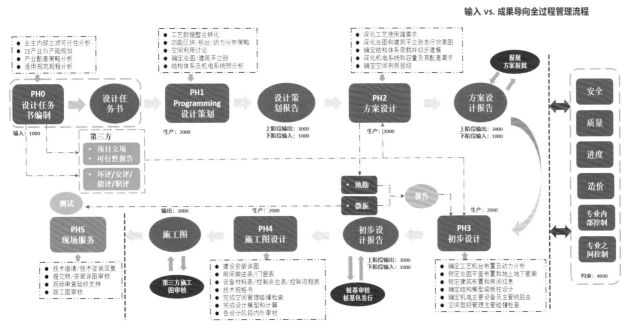

图2-8 全过程设计管理流程

全过程设计管理流程可以分成以下几个阶段：

PH0 零阶段：一般为芯片制造企业内部的项目策划和可研阶段。该阶段主要由业主内部策划部门针对该项目的产业产能和相应商务模型进行规划，并对选址、落地、适用规范等进行分析确认，最终交付成果是针对该项目的设计任务书。芯片制造企业一般会在这个阶段即开始聘用第三方开展项目立项、可研、环评等工作，作为设计任务书的输入条件之一。

PH1 阶段一：设计策划。该阶段中芯片制造企业的各部门负责人将和产房设计单位一起针对项目的设计任务书进行具体读解和分析。包括对工艺要求整合转化为厂房的设计需求，对平面功能区块和空间要求进行分析整理，对机电和动力策略和系统进行讨论，从而形成初步的总平面和建筑空间布局。本阶段的交付成果为设计策划报告。

PH2 阶段二：方案设计。本阶段设计单位将根据设计策划报告、工艺设备布局和机电需求清单进行总平面和各建筑单体的平面布局设计，并确认建筑的层数、高度和外形设计（即立面、剖面的设计）。对同步结构开展荷载确认、系统概念设计和初步建模，对机电系统将开展系统概念设计、容量计算和主要设备布置。本阶段的交付成果为方案设计报告，并根据政府报批要求完成规划及方案报批工作。一般来说，在初步方案确定后，建议地勘单位和微振动检测单位始进行相关测试，以配合下一阶段设计工作的开展。

PH3 阶段三：初步设计。本阶段中，设计单位除了继续深化平面、立面、剖面设计和典型室内外墙、顶、地和场地具体设计外，工艺专业将根据上阶段确认的建筑平面布局和工艺机台布局制定动力系统分配策略。机电专业将根据这些分配策略进行具体的系统计算、设备布置、管道布局设计。各专业的整合和空间系统管理也是这个阶段的管理重点之一。同时，结构专业将在这一阶段进行具体的结构建模来完成建筑基础和梁板柱系统的计算和设计。本阶段的交付成果为初步设计报告，由各专业图纸和主要的材料、设备清单组成。

PH4 阶段四：施工图设计。本阶段中，设计单位的各专业将根据确认的初步设计开展施工图设计。主要关注点在于安装和施工节点的设计工作及空间管理和碰撞检测。设计单位同时会罗列并提供与项目有关的所有材料和设备、管道阀门、电缆和仪表清单，并根据国家规范要求完成第三方审图、取得审图合格证。芯片制造厂房设计因其系统复杂、对环境和系统的配置要求高，所以在此阶段还会要求设计单位针对主要材料和设备编制完成技术规格书。本阶段的交付成果为用于给发包或总包单位施工的施工图纸、计算书和技术规格书。

PH5 阶段五：现场服务。本阶段中，设计单位主要配合业主进行发包和施工阶段的设计澄清，技术闻讯单答复，对主要的材料、设备的提交资料和加工图的审核工作，以及配合政府要求的分部分项验收及最终的竣工验收审核工作，以确保项目的建设可以满足设计意图。

由于制约已在全过程设计管理流程（图2-8）全部实现了闭环管理，至此，设计阶段的管理结束，转入施工阶段。

三、施工管理模型

施工阶段是基于项目管理知识体系（PMBOK）的芯片制造厂房建设全生命周期管理模型的具体实施阶段，是建设实体芯片制造厂房的过程。根据整体管理模型，将施工阶段按照输入、生产、输出和约束四个进行纵向分解和建模（图2-9）。

输入：
1000
- 市场调查 1110
- 技术 1120
- 工期 1130

- 工艺布局 1210
- 业主任务书 1220
- 设计指南 1230
- 设计进度 1240

- 图纸 1310
- 承包商 1330
- 施工布景 1340
- 进度要求 1340

- 图纸 1410
- 交付计划 1420
- 交付团队 1430

策划　设计　施工　交付

生产：
2000
- 商务模型 2110
- 技术模型 2120
- 生产模型 2130

- 概念设计 2210
- 初步设计 2220
- 施工图设计 2230

- 地下工程 2310
- 结构 2320
- 屋面工程 2330
- 机电 2340
- 游艺布景 2350

- 建筑区域 2410
- 机电系统 2420
- 各配件 2430

输出：
3000
- 可行性报告 3110
- 卫安评 3120
- 环评 3130

- 图纸 3210
- 技术规格书 3220
- BIM模型 3230
- 概预算 3240

- 完成率 3310
- 不符合项 3320
- 竣工图 3330

- 修改清单 3410
- 维修手册 3420
- 项目关闭文件 3430

约束：
4000
- 安全手册 4114
- 质量预期 4120
- 预估投资 4130

- 安全分析要求 4210
- 技术规格书 4220
- 预算/分项/现金流分析 4230

- 安全许可 4310
- 材料送审/样榜/测试 4320
- 付款/变更/索赔 4330

- 项目绩效 4410
- 项目总结 4420

图2-9　施工阶段在整体模型中的位置

输入：鉴于施工阶段的特点，其输入为图纸、施工布景、承包商（施工队伍）和进度要求等，在这些都明确的基础上，才具备施工阶段生产的条件。

生产：按照图纸和工艺对建设工程开展具体施工，其主要的管理要素可分为地下工程、结构、屋面工程、机电等，是一个从无到有、从图纸到实物的创造性过程。

输出：施工阶段主要形成工程的完成率、不符合项和竣工图，这些都是结合实物进行管理和为后续交付进行铺垫的重要对象。

约束：即施工阶段所必须执行和落实的要求，这里因为涉及具体建设工程，所以在模型中仅列出了适用性较强的一些要素，实际工程中需要根据工程进度开展对应的约束条件执行与检验，以确保施工阶段安全、按时按质地交付。

图2-10是施工管理模型，基于施工阶段的特点，其主要涉及建设工程管理，因此，在横向上以建设工程的进度划分为地基基础、主体结构、建筑装修和机电工艺等四个管理环节，纵向依次为每个管理环节对应的目标、主要风险，针对风险采取的工作方法和重点以及完成目标后需要交付的成果。施工阶段的主要管理思路是组织施工资源（包括人员、材料和机械），按照批准的图纸和工艺方案进行施工，按质按期完成施工实物的建设，把设计的成果变成实体，满足设计和客户的要求，为最终的交付做好准备。

管理环节	地基基础	主体结构	建筑装修	机电工艺
目标	• 地基基础施工实物量按期按质完成	• 主体结构施工实物量按期按质完成	• 建筑装修施工实物量按期按质完成	• 机电工艺施工实物量按期按质完成 • 调试功能满足设计要求
主要风险	• 施工资源不足或未批准 • 未按照批准施工方案施工	• 施工资源不足或未批准 • 未按照批准施工方案施工	• 施工资源不足或未批准 • 未按照批准施工方案施工	• 施工资源不足或未批准 • 未按照批准施工方案施工 • 调试系统功能不满足设计要求
工作重点	• 施工资源到位 • 施工方案审批及实施	• 施工资源到位 • 施工方案审批及实施	• 施工资源到位 • 施工方案审批及实施 • 施工工序及专业工作面协调	• 施工资源到位 • 施工方案审批及实施 • 专业协调及调试流程
交付成果	• 施工实物完成量并满足设计要求	• 施工实物完成量并满足设计要求	• 施工实物完成量并满足设计要求	• 施工实物完成量并满足设计要求 • 调试结果参数符合要求

图2-10　施工管理模型

施工管理模型相对设计管理模型而言简单一些，这也是因为施工管理模型中已有许多管理要素和管理环节在设计管理模型中已经得到了闭环。施工管理模型建立的主要目标是按期按质地完成各施工环节，基于建设工程各环节的特点，其前期的风险主要集中于施工资源的不足或未经批准，后期的风险主要集中于未能按时按质完成地基施工。因此，施工管理模型中的工作重点为施工资源的配置、施工方案的审核及施工过程的管控和协调。其交付成果即建筑实物，这些建筑实物必须经过验收，确保满足设计要求。

四、交付管理模型

交付阶段是基于项目管理知识体系（PMBOK）的芯片制造厂房建设全生命周期管理模型的收尾阶段，是芯片制造厂房建设成果交付的过程。根据整体管理模型，将交付阶段按照输入、生产、输出和约束四个进行纵向分解和建模（图2-11）。

图2-11 交付阶段在整体模型中的位置

输入：交付阶段的输入主要为施工图纸、交付计划和相关团队，这也是开展交付工作的必要条件。

生产：交付阶段仍需要对建筑区域、机电系统和各类配件开展相应管理工作，主要是开展建筑区域的划归和验收、机电系统的测试和验收以及各类配件的配置验收等。

输出：除了现场实物的质检和验收外，交付阶段还需要输出一些必要的清单和文件，包括但不限于修改清单、维修手册、项目关闭相关文件等。

约束：交付阶段的约束主要来自整个项目的总结和绩效评估，这也是对基于项目管理知识体系（PMBOK）的芯片制造厂房建设全生命周期管理模型的定量分析和评价，也是各方社会效益和经济效益的划分。

图2-12是交付管理模型，横向是建筑区域交付、机电系统交付和验收移交三个管理环节，纵向是每个管理环节的目标、主要风险、针对风险采取的工作方法和重点以及完成目标需交付的成果。在交付管理模型主要是为了解决建立验收移交流程，组织五方责任主体进行验收并按照建筑区域和系统分别形成验收移交清单和缺陷整改清单，然后组织政府验收并移交竣工资料给企业和政府，达到企业能够正常使用并开展芯片制造的要求。

管理环节	建筑区域房间交付	机电系统交付	验收移交
目标	• 确认建筑区域或房间满足规范和设计要求	• 确保系统满足用户方要求 • 评估系统状况，为二次配做准备	• 确保按既定移交程序移交 • 政府验收通过
风险	• 验收内容和依据不明确。	• 验收内容和依据不明确。	• 验收和移交流程不明确。
工作重点	• 依据建筑和结构设计文件和验收规范进行检查验收	• 依据机电工艺设计文件和验收规范进行检查验收	• 调研政府验收流程 • 制定项目移交程序 • 组织相关方文件检查及现场检查
交付成果	• 区域或房间检查验收单及缺陷整改单	• 机电工艺系统安装调试检查验收单及缺陷整改单	• 政府质量竣工验收 • 政府消防竣工验收 • 项目竣工资料移交及最终交付

图2-12 交付管理模型

交付管理模型是一个适用性相对较弱的模型，因为交付环节涉及验收，不同的企业和政府部门对于验收的标准可能不一。因此，建立交付管理模型的核心思想在于规范、协调和统一验收的流程和标准，形成较为一致的交付结果，使芯片制造厂房建设项目得以关闭和总结。

第三节　二级招标采购模型

在芯片制造厂房建设全生命周期管理中还有一项重要的管理活动贯穿其中，它便是招标采购。

一、招标采购模型

招标采购贯穿于全过程管理的各个环节，通过建立二级招标采购模型（图2-13），将招标采购按流程划分为资格预审、招标、定标和签订合同四个阶段，明确招标采购的输入内容及控制要点、采购目标、过程中存在的风险、采用有效的管理方法以及生产环节成果交付文件要求。该模型能更好地评估项目招标采购体系，规避采购过程中的风险，为项目的高效管理提供支持，从而实现核心管理要素的平衡。

	资格预审	招标	定标	签订合同
输入：	• 投标人长名单搜集 • 投标人资格审查基本要求	• 预算要求、招标图程度 • 工作范围及界面等文件	• 评标方式 • 评标标准	• 中标信息及招投标文件
生产：	• 投标人资信及背景调查 • 投标人人员配置及能力	• 招标流程环节	• 澄清、洽商及定标	• 双方谈判及内审流程
目标：	• 挑选有资格的优质供应商	• 确定合理价格且履约能力可靠的供应商	• 锁定最优价格及最能满足项目需求的供应商	• 合同签字盖章
风险识别	• 能力不相当的投标单位间竞争	• 工作界面不清晰 • 不平衡报价 • 合规风险	• 低价中标高价索赔 • 履约意愿降低	• 实质性违背招标合同目的和要求
约束	• 招投标法（如适用） • 投标人数量	• 预算及合规	• 预算 • 回标响应程度	• 签约方内部法务审核标准及流程
成果交付	• 资格预审报告 • 预审程序文件	• 全套招标文件 • 招标邀请文件 • 答疑/补遗文件	• 开标及评标记录 • 投标文件 • 定标推荐报告	• 签字盖章版合同 • 各类合同模板 • 各类台账

图2-13　招标采购模型

以招标采购活动的流程进行划分，招标采购模型主要分为资格预审、招标、定标和签订合同四个阶段。资格预审阶段优先筛选资格能力相当且优质的潜在投标人，为后续招标及定标阶段创造公平竞争的条件，为挑选有竞争力且价格合理的供应商提供基础和保障。定标阶段，各方仍存在反复磋商、沟通等活动，是一个充分理解并对招标内容在价款及技术要求上达成一致的过程，这个过程为后续的合同谈判及签订，实现双方意愿提供基础和条件。由于目前各种工程项目中的招标采购的流程已经较为成熟，在芯片制造厂房建设项目中建立的招标采购模型也具有较好的适用性，在此便不加以展开，具体实践中可参考图2-13。

二、采购包划分策略

基于招标采购模型，可进一步建立芯片厂房采购包划分策略。此划分策略可基于工作范围、成本管理类别、项目整体进度要求等制定。从成本角度看，施工项目采购包可分为"软成本类"（各类管理开支和人员费用等）和"硬成本类"（各类物料、设备的支出等）；从工作范围及界面角度分析，采购包的划分策略应能够体现项目管理策略是采用"轻"总包管理"重"业主管理的模式，还是"轻"业主管理"重"总包管理的模式；从责任主体角度，采购包又可按照设计、勘察、监理、施工等制定划分策略。

图2-14为某一采购包划分策略样例，该样例可以较好地阐述芯片厂房二级采购包划分的

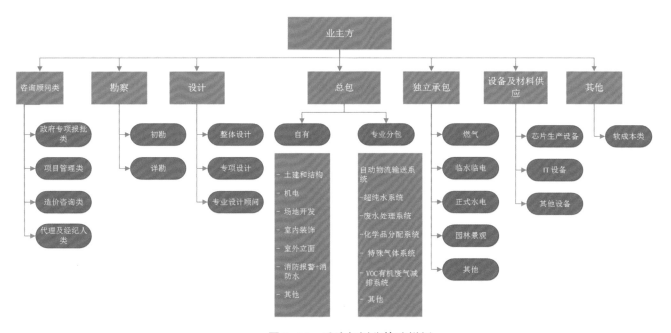

图2-14　采购包划分策略样例

策略及框架。在该策略的基础上，采购包还可以根据芯片厂房建设需求进一步的细化拆分和完善。

三、合同文本分类及选择

在招标采购模型及采购包划分策略的基础上，不论招标阶段抑或合同签订阶段，合同文本的选择及使用都是非常谨慎且重要的，它关系到后续合同执行阶段的成效。一般来看，芯片制造厂房建设项目的合同类型大致可以划分为三类：设计及咨询服务类、材料设备供应类以及施工类。每个合同类型都具备各自的特点，表2-1列举了常用合同文本类型的特点、适用范围以及参考模板，作为合同文本分类和选择时的参考。

表2-1　常用合同文本类型的特点、重点关注内容以及参考模板

序 号	服务类型	特 点	适 用 范 围	参 考 模 板
A	设计及咨询服务类	软服务，一般包括专业顾问类，设计及咨询类，检验检测类等轻资产服务，具备一定专业技能	包括但不限于：设计院设计费、设计审查、各类设计顾问、项目管理咨询、造价管理咨询、检验检测、评估类、代理类、勘察、监理类	FIDIC白皮书（咨询服务类合同文本）类似项目特有咨询服务类模板
B	材料设备供应类	甲供或甲指乙供类，其特点是确保厂房建设的关键设备质量及价格可控	包括但不限于：厨房设备、各类机电设备、芯片生产设备等	FIDIC橙皮书（用于机电设备类）或类似项目定制设备类合同模板
C	施工类	涉及多专业施工作业类	厂房施工相关专业施工队伍，包括但不限于：土建、机电、内外装、水暖等多专业施工	FIDIC红皮书（单价类）；FIDIC银皮书（EPC总价类）；国家规定的施工合同范本或类似项目定制施工类合同文本

第四节　本章小结

　　随着技术的进步和社会的发展，芯片制造厂房建设的要求将越来越严苛，通过建立基于项目管理知识体系（PMBOK）的芯片制造厂房建设全生命周期管理模型，将芯片制造厂房的建设划分为策划、设计、施工和交付四个管理阶段，同时结合建筑项目和芯片产业的相关法律法规、标准确定了五方责任制，系统地论证了各阶段的工作范围、主线目标、主要风险和执行方案，并以各阶段的管理和交付内容为核心对象进行系统的论述、建模，从全生命周期管理的角度出发，全方位地解决厂房建设过程中各阶段的主要问题，从而实现项目整体最优、帮助生产企业提高芯片良品率的最终目标。

第三章 设计项目案例

　　本章节通过一个具体的芯片制造厂房设计项目案例来阐述基于项目管理知识体系（PMBOK）的芯片制造厂房建设全生命周期管理模型在项目设计中的应用。具体阐述过程中将通过该项目的背景说明在设计中遇到的风险和挑战，并介绍针对这些风险和挑战所采取的对应设计措施和方案，通过应用全过程设计管理流程来控制项目设计质量，最终达到满足芯片制造企业要求的交付成果。

第一节　项目背景介绍

　　项目的业主为国内某知名芯片制造企业，该企业致力于打造新型存储产品及相关衍生产品，重新定义存储、智能计算和信息安全，构建创新应用生态，以创新塑造存储与计算的未来，成为世界领先的新型半导体存储技术研发及产品生产企业。

　　该企业的产品涵盖嵌入式存储、中高密度非易失性存储、信息安全、存内计算及存内搜索等多个应用领域，是集器件材料、工艺制程、芯片设计、专利授权和中试量产为一体的新型存储技术产品。

　　该项目所新建的芯片制造厂房，其占地面积约1.6万平方米，总建筑面积3.8万平方米，其中洁净室面积约1万平方米。除主厂房外，项目区域内新建了满足生产需求的配套公用工程，其中包括中央动力站、甲乙类库房、大宗气体站、特殊气体站及消防废水收集池等（表3-1）。

表3-1　部分项目建筑概况信息

序号	建筑名称	占地面积（m²）	建筑面积（m²）	层数	建筑高度（m）	火灾危险类别	耐火等级
13号	中央动力站	3 390	7 061	3	21.4	丁类	2级
14号	氢气棚、氨气棚	221	221	1	5.6	甲类2项	2级
15号	生产厂房	8 995	36 224	3	23.7	丙类	1级
16号	甲乙类库房	735	735	1	6.1	甲类	2级
17号	硅烷站	32	32	1	7.0	甲类3项	2级
	大宗气体站	500	—	—	—	戊类	—
	燃气调压站	3.9	—	—	—	—	—
	消防废水收集池	—	168		3.6		
	总计	15 190	37 847				

第二节 项目设计目标、难点和挑战

一、项目设计目标

该项目是以工艺为主导的，具有特殊工艺系统支持的芯片制造厂房项目。业主对于项目设计有较高的预期和要求，项目使用全建筑信息模型（BIM）正向设计和空间管理，要求向业主交付一座功能齐全、设施完善、技术先进、实用高效、成本可控的先进制程的芯片制造厂房。业主对于项目设计的具体要求和目标一般为：

- 设计须满足业主的芯片制造工艺需求和洁净生产环境要求。
- 设计须满足业主基于国际规范制定的项目设计任务书要求。
- 设计须满足中国国标及行业规范和项目所在地的规划及所有报批报审要求。
- 设计须充分考虑节能措施，以及生产的灵活性和可持续性。
- 设计须满足业主分期实施的目标，同时不能影响对已经投产部分的运维。

二、项目设计难点和挑战

该项目中的芯片制造厂房的设计极其复杂，工艺系统和配套系统繁多，每个设计阶段和过程中都会面临难点和挑战，如工艺产能数据的合理转化，生产分期策略，空间的合理利用，多专业的协调配合以及质量、进度、成本的控制等。在设计过程中要充分预见难点和挑战，并将解决这些问题作为主要的工作目标，最终将按照满足工艺需求、品质要求、项目进度和成本预算的设计成果递交给业主。

图3-1是该芯片制造厂房项目设计中的难点和挑战，通过基于项目管理知识体系（PMBOK）的芯片制造厂房建设全生命周期管理模型进行考虑，将项目设计中的难点和挑战划分为设计输入管理中的难点和挑战、设计过程管理中的难点和挑战和设计输出过程中的难点和挑战。

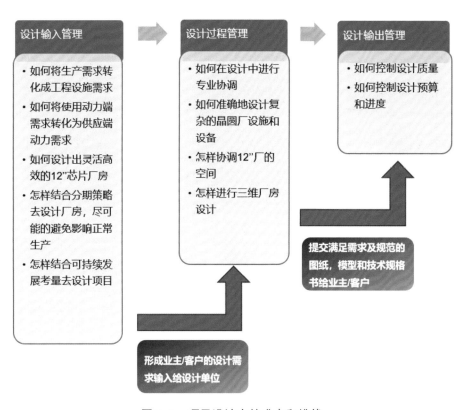

图 3-1　项目设计中的难点和挑战

设计输入管理中的难点和挑战主要体现在如何将生产需求转化为工程设计需求、如何将使用端动力需求转化为供应端动力需求、怎样结合分析策略设计厂房、怎样结合可持续发展考量开展设计等，这些难点和挑战的识别和闭环将对项目设计的总体要求产生影响，也是必须输入给设计单位的总体要求，必须妥善处理。

设计过程管理中的难点和挑战主要体现在如何进行各专业的协调、如何准确设计复杂的圆晶厂设施和设备、怎样进行三维厂房设计等，这些难点和挑战的识别将体现在具体的图纸、模型和技术规范书上，而这些图纸、模型和技术规范书是指导后续施工的必要基础条件，其重要性不言而喻。

设计输出管理中的难点和挑战主要体现在设计质量、预算和进度的控制上，这对项目设计管理提出了比较高的要求，同时也是对项目设计工作成败的最终考量，任何一项难点和挑战都有可能导致整个项目设计管理失控，影响芯片制造厂房项目的整体质量、预算和进度。

第三节　项目设计介绍

　　生特瑞为该项目提供了完整的设计服务，项目设计从了解业主的生产和产能需求开始，首先将业主提出的生产需求转化为生产工艺设计，再将生产工艺设计转化为设施、设备和配套系统等方面的需求，最后在确认这些需求与业主所需相符的基础上，将这些需求融入到设计中。鉴于该项目包含了近10 000平方米的洁净室环境生产空间和多个专业配套系统用以支持生产和洁净室要求，通过基于项目管理知识体系（PMBOK）的芯片制造厂房建设全生命周期管理模型进行考量，决定在项目设计阶段采用全建筑信息模型的设计理念。

　　项目设计专业包括：生产工艺专业、总图专业、建筑（含洁净室）专业、结构专业、暖通专业、动力专业、给排水和消防专业、电气和自控专业、特殊动力系统专业和空间管理专业。

　　本节将主要通过该芯片制造厂房的关键环节和特殊系统的设计为介绍为主体，阐述项目设计的特殊要求，其中包括工艺设计、三层式厂房平面布置、洁净室系统设计、特殊结构系统设计、特殊动力系统设计以及建筑信息模型设计和空间管理。

一、工艺设计

　　该芯片制造厂房项目工艺设计的关键是将业主的产品、产量、技术及其三者发展的要求充分理解并转化成为工程设计所需要的输入条件，主要包括以下内容：

- 根据生产技术、工艺产能等信息确定机台清单。
- 根据机台清单明确工艺路线和洁净室布局，制定动力需求表、点位图和分期策略。
- 明确洁净室环境要求，包括空间、面积、高度，洁净等级，气流组织，分子污染区浓度，温湿度，自动转送系统，防静电和微振动等要求。

该芯片制造厂房项目的工艺设计分为三个步骤（图3-2）：

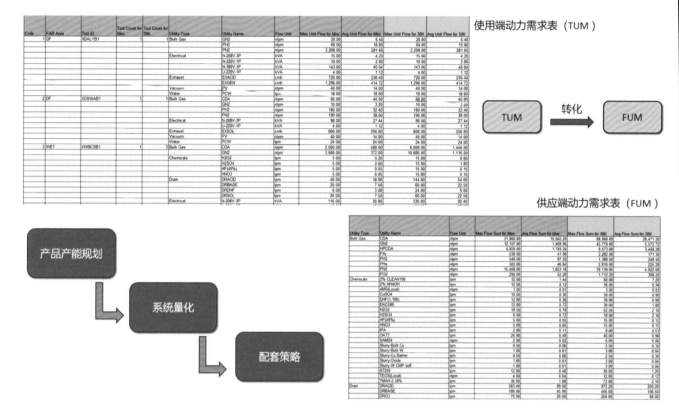

图3-2　项目工艺设计的三个步骤

第一步，根据产品及产能整合工艺机台的单台数据和动力需求，形成使用端动力需求表（TUM）。

第二步，对使用端动力需求表（TUM）中罗列各项开展生产步骤、同时使用系数、峰值和均值等平衡分析，经分析后将使用端动力需求表（TUM）转化为工程设计所需的供应端动力需求表（FUM）。这一步骤并非简单地叠加使用端动力需求表（TUM）中所有单台机台的动力数据。一般来说，FUM比TUM的数据更经济有效、可实施性更强。

第三步，根据FUM把机台数据转化成可视化的功能区块图、机台布置图和动力分布策略，以及相关的配套策略。FUM和这些可视化的工艺设计成果将作为后续各个专业的设计输入条件和依据，以开展具体的芯片制造厂房建筑、结构及机电系统等设计。

二、总图设计

　　根据生产需求、建筑功能、体量、上位规划和国家相关法律规范要求，结合当地政府的具体规划，对芯片制造厂房所在园区内的建筑进行总平面布置设计。该总平面布置设计必须满足生产工艺路线、人流、物流要求及市政接入需求，同时针对芯片制造厂房内危化品的存储和运输进行合规性设计。图3-3所展示的是为本项目所设计的项目总平面布置图。

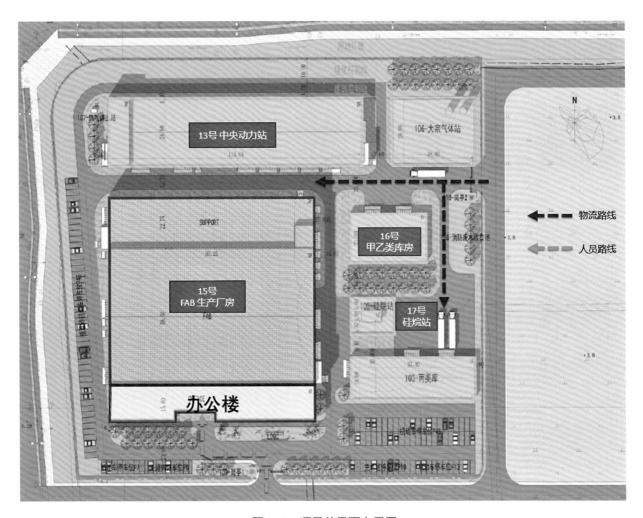

图3-3　项目总平面布置图

三、建筑设计/洁净室设计

　　在该环节中，主要是根据工艺布置需求对各建筑平面、立面和剖面进行设计（图3-4），将各功能房间和功能区块合理地进行平面布局和竖向动线设计，同时考虑业主提出的分期建设的需求，通过合理的平面布置将分期建设对生产的影响降到最低。

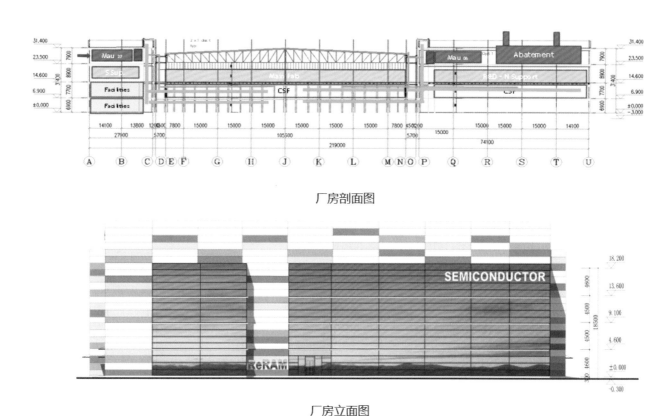

厂房剖面图

厂房立面图

图3-4 厂房剖面图和立面图

本项目采用大跨度、大空间洁净室的建设概念以保证最大化利用生产空间。具体设计中将采用三层式FAB洁净室布局以满足洁净气流要求和动力系统及其错综复杂的管道所需的空间要求。三层式FAB洁净室由下至上分别是非洁净技术下夹层、洁净技术下夹层和带钢桁架静压箱的大空间生产洁净室（图3-5）。其中，非洁净技术下夹层主要设置中间仓库和非洁净动力系统，洁净技术下夹层主要布置生产机台的辅机和供生产机台使用的机电及特殊系统管道空间，带钢桁架静压箱的大空间生产洁净室为实际的生产空间。

为满足洁净室的气流组织要求，在三层式FAB洁净室构架下通过"上送下回"的方式，由洁净生产室吊顶上的高效过滤器将洁净空气以层流的形式输送到洁净生产区，并通过高架地板和华夫板开洞输送到洁净技术下夹层，再通过回风夹道将气流回送至吊顶并通过静压箱完成整个洁净室的洁净空气循环（图3-5）。

四、结构设计

为满足洁净室大跨度要求，以及生产机台抗微振的高标准，本项目的结构设计自下而上

典型洁净室剖面 – 3层式FAB洁净室

- 第一层，非洁净技术下夹层
- 第二层，洁净技术下夹层
- 第三层，带钢桁架静压箱的大空间生产洁净室

洁净室气流形式 – 层流循环

- 洁净气流由静压箱中高效过滤单元送入洁净室
- 气流经洁净室华夫板流入洁净下夹层
- 气流经回风夹道和干盘管冷却后回到静压箱

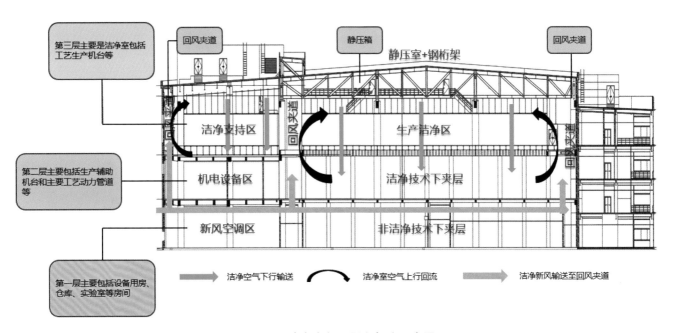

图3-5　洁净室剖面图和气流示意图

采用厚底板、一二层的密柱、洁净室层的华夫板和屋顶钢构架的设计方案（图3-6），以满足该芯片制造厂房的制程要求。其中，第一、第二层的密柱结构可以增强结构的刚度从而达到抗微振的要求，第三层楼板采用华夫板设计，为芯片制造厂房特有的结构形式，形成承上启下的结构体系，既可以满足整体结构刚度和抗微振要求，也可以满足层流式气流组织的要求，

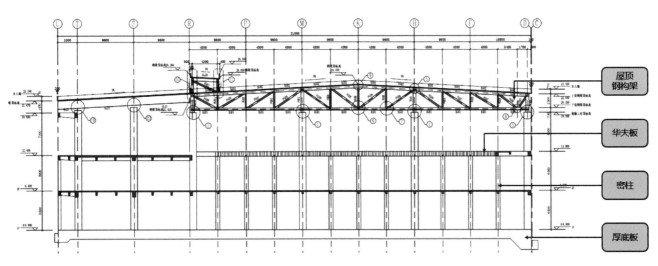

图3-6　结构剖面图

使洁净空气可以从上至下穿透洁净生产区至洁净下夹层（图3–7）。同时，三层的大跨度钢柱支撑着屋顶的钢构架，从而满足洁净生产区大空间和工艺机台的灵活性布局要求。

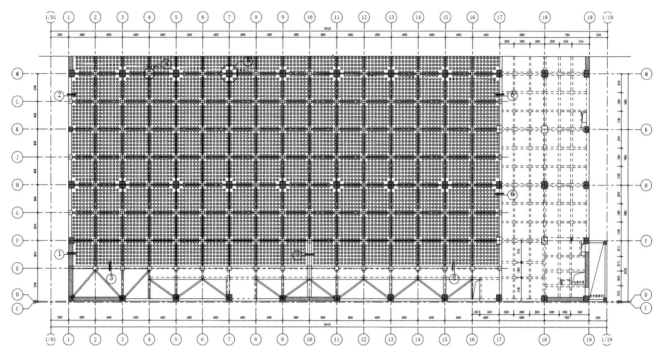

图3-7　典型华夫板平面图

五、特殊动力系统设计

特殊动力系统设计的目标是满足工艺机台的要求。在芯片制造厂房项目中，电子级的特殊动力系统在精度和纯度上有非常高的要求。对此，特殊动力系统设计的关注要点在于系统技术要求、系统负荷及空间需求、系统的分配以及设备管道和阀门的材料要求等。该项目中的特殊动力系统主要包括以下内容：

- 工艺冷却水系统
- 纯水、超纯水系统
- 废水收集和废液处理系统
- 化学品供应系统
- 大宗气体供应系统
- 特殊气体供应系统
- 工艺排气和尾气处理系统

- 清扫真空系统
- 工艺真空系统
- 压缩空气系统

下面以芯片制造厂房特殊动力系统设计中比较具有代表性的超纯水系统为例展开，其他特殊系统在设计时的考虑策略和重点多有相似之处，不再赘述。

对于超纯水系统的设计，首先需要分析工艺需求和所适用的标准、规范，这些标准、规范包括但不限于国标、国际半导体产业协会（SEMI）行业标准和美国材料与试验协会（ATSM）标准等，这些标准、规范对纯水的电阻率和原水杂质去除率等提出了非常具体的定义和要求。在系统设计中必须以这些标准、规范为基础进行纯水系统设备的设计规划和工艺流程的设计。本项目特殊动力系统设计中采用的纯水系统设备和工艺包括：

- 砂滤过滤：通过石英砂等滤料对水中的悬浮物进行过滤。
- 多介质过滤：利用两种以上的过滤介质，在一定压力下去除水中悬浮杂质，使水澄清。常用滤料有石英砂、无烟煤和锰砂等。
- 微滤过滤：通过特定的滤膜在一定压力下，能截留 $0.1~\mu m$—$1~\mu m$ 之间的颗粒，阻挡悬浮物、细菌、部分病毒以及相对较大体积的胶体。
- 软化塔：除去水中的钙镁离子。
- 阴阳塔：属离子交换装置，内装有阴、阳树脂，可以除去水中的阴、阳离子。
- 脱碳酸塔：去除水中的二氧化碳，减少反渗透膜的负荷，降低电导率。
- 反渗透装置：通过具有一定透过性的薄膜去除水中有机物、金属氧化物、微生物以及胶体物质。
- 脱气：除去溶解于水中的氧气、二氧化碳和少量的甲烷气体，以及处理水中的游离碳酸，将其转化为二氧化碳并从水中去除。
- 混床：是由许多阴、阳离子交换树脂交错排列而成的多级式复床。可以同时去除水中的阴、阳离子。
- 抛光混床：保证超纯水系统的出水水质，对总有机碳、二氧化硅有一定控制能力。
- 紫外线杀菌：利用紫外线的能量破坏水中细菌核酸功能达到灭菌的效果。
- 超滤：是以超滤膜为过滤介质，在一定压力下，超滤膜只允许水及小分子物质通过。

本项目的纯水系统中，纯水站房设置在中央动力站内，并且把末端抛光的工序工位就近布置在厂房非洁净下夹层内，以此保证到机台的纯水管道路径采用最有利化设计。超纯水精炼和环路管道采用PVDF材质，末端预留接入点采用隔膜阀以满足工艺机台对精度和纯度的要求。本项目在纯水段、机台使用点和废水处理段都进行了合理的回收路径，使之返回至预处理设备或冷却塔供水管路，以达到系统优化和节水减排的效用。图3-8为本项目纯水系统、站房布置图和主要设备的图片。

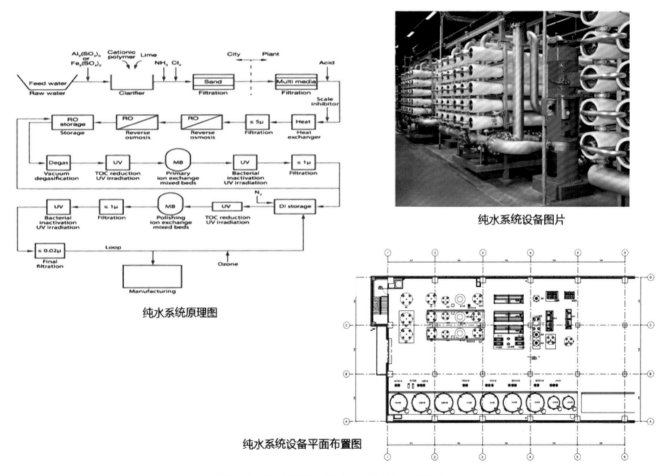

纯水系统原理图

纯水系统设备图片

纯水系统设备平面布置图

图3-8 纯水系统、站房布置图和主要设备

六、建筑信息模型（BIM）正向设计和空间管理

在本项目中采用了建筑信息模型（BIM）正向设计，并实时进行碰撞检查和空间管理。其中，BIM正向设计的关注点主要是洁净室机电系统空间层级划分、技术下夹层一次侧的空间管理、技术下夹层二次配工程的空间预留、洁净静压箱层检修马道、机电管架、抗振支架、空间设施可操作性、不可上人吊顶的检修人孔、机台和设备设施搬运通道等。

本项目中采用的BIM正向设计分为三个步骤：

步骤一、开展初期概念设计，主要通过概念设计确认空间管理策略，制定主次管道走向和标高。

步骤二、各专业均在BIM软件平台中采用Revit建模开展概念设计、初步设计、施工图设计。

步骤三、采用NavisWork软件在各专业的设计过程中定期开展碰撞检查，直至碰撞数据清零。本项目在概念设计和初步设计阶段采用每周或每两周一次碰撞检查，而在施工图阶段则进行每周两次的碰撞检查，以确保各专业设计方案的协调性和空间布局的合理性。

BIM正向设计和空间管理示意详见图3-9。

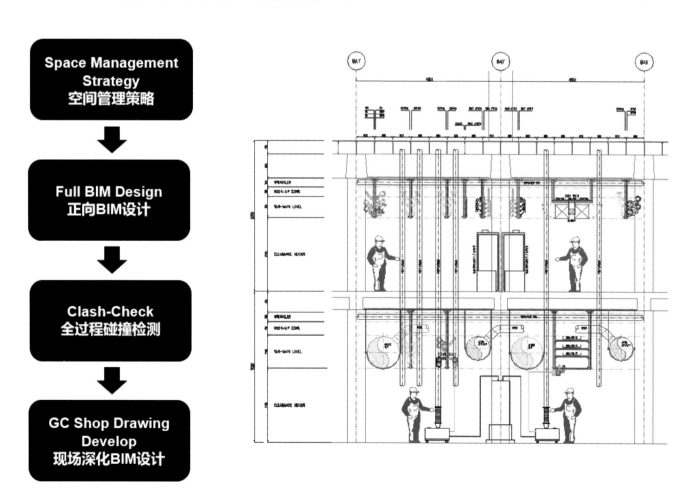

图3-9　BIM正向设计和空间管理示意图

第四节 项目设计管理体系

芯片制造厂房建设项目从规划、设计、施工到交付投入使用，需要经历一个非常复杂的过程，所以对各阶段进行管理很有必要，而设计管理是项目管理的关键所在，也是芯片制造厂房建设项目的重点工作内容。生特瑞以基于项目管理知识体系（PMBOK）的芯片制造厂房建设全生命周期管理模型，针对本项目建立风险和挑战模型，采用设计管理模型（设计管理流程与设计质量控制逻辑），对本次的芯片制造厂房建设项目设计中的风险、质量、成本、进度等进行有效的控制和管理。

一、风险和挑战模型

芯片制造厂房建设项目实施的各个阶段过程中，都会面临各种各样的风险和挑战，这些风险和挑战会影响项目的进程和成本，选择有效合适的应对方法至关重要，应分析并明确出各阶段的风险和挑战，并作为各阶段主要的工作进行管控。

芯片制造厂房建设项目设计管理所面临的风险和挑战主要体现在每一个设计阶段是否可以锁定不同深度的设计要点，作为下一阶段设计的依据。从而避免设计管理过程中常见的后期变更、设计深度不够以及设计没有充分考虑成本等因素而造成的修改和不足等问题。因此，有必要以基于项目管理知识体系（PMBOK）的芯片制造厂房建设全生命周期管理模型建立设计管理的风险和挑战模型（图3-10）。

由图3-10可知，该风险和挑战模型的整体架构与基于项目管理知识体系（PMBOK）的芯片制造厂房建设全生命周期管理模型保持高度一致，将整个设计管理过程划分为策划、设计、施工和交付四个阶段。按照阶段分别识别其中的风险并开展关键管理要素的管控。

策划阶段：其主要的挑战和风险为没有清楚的目标、市场变化以及预算和进度的偏差。因此，该阶段的设计管理要素在于可行性研究、SOR分析（业主需求和设计任务）和预算的

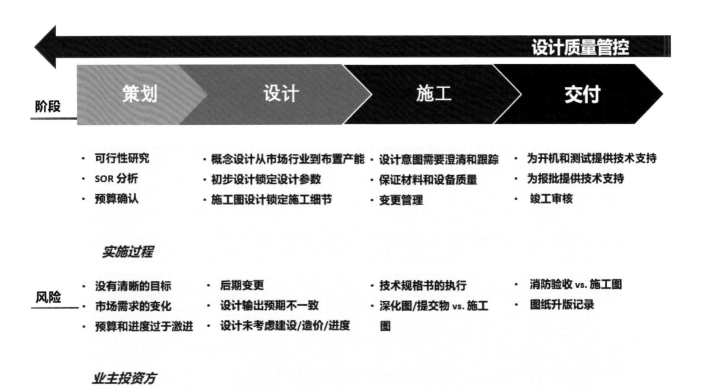

图 3-10　设计管理的风险和挑战模型

确认，确保在策划阶段的设计目标明确、切实可行且成本可控。

设计阶段：其主要的挑战和风险为设计输出与预期不一致、后期导致的变更以及未充分考虑建设进度、造价等因素。因此，设计阶段的管理要素在于要充分考虑产品市场和工艺生产因素，了解清楚业主工艺需求，初步设计锁定设计参数，并在施工图中锁定施工细节，确保设计输入与预期一致，为项目的顺利施工打下基础。

施工阶段：其主要的挑战和风险是技术规格书的执行情况和深化图、提交物与施工图之间的差异。因此，该阶段的设计管理要素在于对设计意图的澄清和追踪、保证材料和设备的质量以及对变更的管理。深化图和提交物与施工图有差异时应及时与设计沟通，明确影响程度并及时调整直至满足设计需要。设备、材料的采购、验收、安装以及调试要遵循技术规格书的要求，确保设备和材料的质量和使用。

交付阶段：其主要的挑战和风险是消防验收时的实际情况与施工图的差异和图纸的升版

管理。因此，该阶段设计管理要素在于为开机和测试提供技术支持、为报批提供技术支持和竣工文件的审核，确保项目顺利通过验收并交付客户。

二、项目全周期设计管理

本项目设计过程中采用了基于项目管理知识体系（PMBOK）的芯片制造厂房建设全生命周期管理模型，通过对项目设计输入（编码1000）、生产（编码2000）、输出（编码3000）这三个纵向维度开展设计管理，梳理分析每个部分的关键要点和主要内容，并通过质量、费用、进度和安全这四个约束（4000）条件进行全周期的设计管理。而每个阶段的设计输出亦是下一个阶段的输入条件和设计依据，依次推进设计全过程的闭环管理（图3-11）。

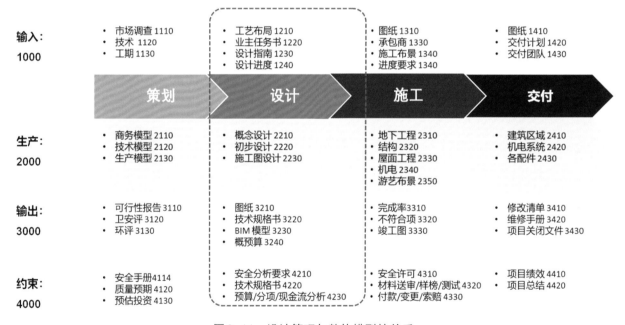

图3-11　设计管理与整体模型的关系

三、设计管理流程

在设计过程中，可进一步将项目全周期设计管理细化并发展成为适用于本次芯片制造厂房的设计管理模型（设计管理流程与设计质量控制逻辑）（图3-12），将设计的输入、生产和输出管理，以及约束条件根据项目的实际要求进行细化分析，把这四个维度在设计阶段遇到的实际问题和工作内容逐一分析解读，梳理它们的内在逻辑和控制逻辑，并在整个设计过

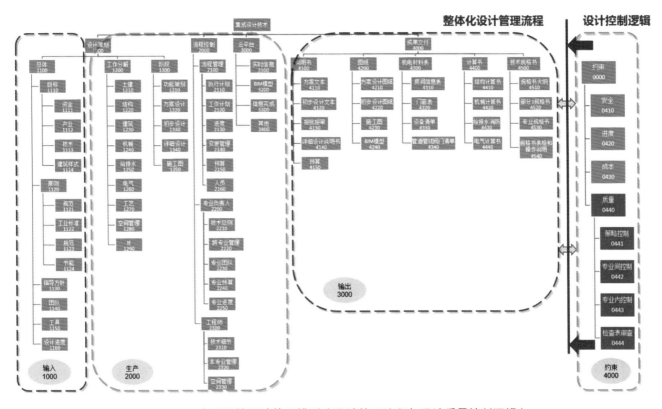

图3-12　本项目的设计管理模型（设计管理流程与设计质量控制逻辑）

程中针对每一条进行精细化管理，从而得以保证设计的质量以及对项目整体进度、费用、质量、安全性的统筹把控。

对于该设计管理模型的具体介绍已在第二章的相关章节具体展开，在此便不再赘述。

四、三级管理流程

在设计执行过程中，项目团队各成员需要明确各自的职责和工作范围，包括项目经理、专业负责人和专业工程师在内的团队成员，可按照图3-13所示的三级管理流程，全过程分级管理并有效执行完成项目设计。

三级管理流程可以有效地执行项目设计和项目管理工作任务。每一级人员都专注于项目的不同关键层面，比如第一级项目经理专注于整体项目的质量、进度和成本的管控，关注与各界面的沟通协调，以及主导各专业负责人，可以有效地汇总各方需求意见并传达给信息需求方；第二级专业负责人专注于管理本专业团队，与其他负责人进行平行沟通，负责本专业

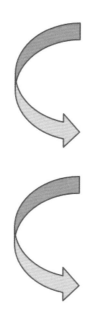

第一级：项目经理专注于

- 项目整体质量，进度和成本的管理
- 界面管理（业主，设计单位，政府部门，第三方，总包单位等）
- 主导各专业负责人

第二级：专业负责人专注于

- 管理本专业团队和分包商
- 管理与其他专业的界面和客户对口负责人
- 审核本专业设计质量，进度和成本
- 团队发展和培训

第三级：专业工程师专注于

- 专业设计及成果提交
- 日常专业间协调
- 对提交物自我检查

图 3-13　三级管理流程

设计质量控制进度和成本，以及对自己团队的培训和管理，在三级管理流程中起到了承上启下的作用，专业负责人可以结合业主的设计需求和自身经验将设计方案意图、设计任务计划传达给专业工程师，设计前期与其他各专业进行提资协调，并有效地管控本专业的设计质量、进度和成本；第三级专业工程师专注于具体的专业设计、专业间的日常协调以及设计成果的自查和提交，专业工程师可以将专业负责人确定的方案意图落实为可行的施工图，主要任务是绘制专业图纸并确保其质量。

五、设计管理工具在本项目中的应用

如上所述，本项目在设计过程当中，以基于项目管理知识体系（PMBOK）的芯片制造厂房建设全生命周期管理模型为基础，运用了设计管理模型、三级管理流程等诸多设计管理工具。项目设计管理整体思路是运用基于项目管理知识体系（PMBOK）的芯片制造厂房建设全生命周期管理模型当中的输入（编码1000）、生产（编码2000）和输出（编码3000）开展本项目中的全过程设计管理（图3-14）。

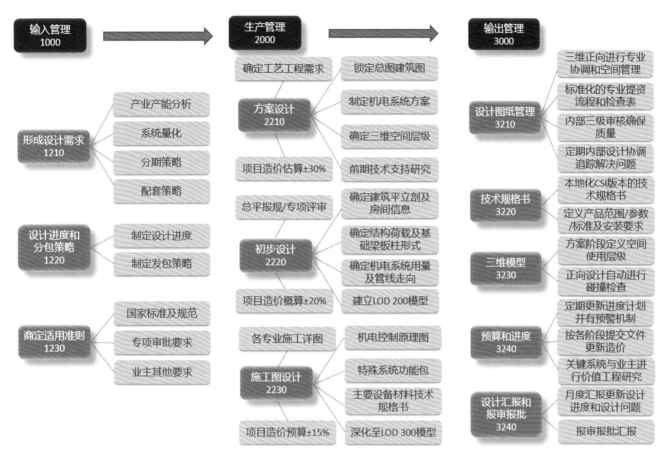

图3-14　设计管理工具在本项目中的应用

输入（编码1000）管理

- 在规划和概念设计阶段讨论并形成设计需求（1210）以作为设计基础
  - 明确工艺设计需求：机台设备清单、机台布置、工艺需求表、自动搬运系统策略，分期策略等
  - 明确洁净室需求
  - 明确抗微振要求
  - 明确危化品安全数据表和存储要求
  - 明确必须执行的法律法规和相关标准、规范
  - 明确本项目所属地各级政府部门的规划等

- 设计进度和分包策略（1220）
  - 开展适用于本项目的两包结构招投标：土建和一般机电系统，这两个包通常由政府提供，特殊机电和洁净室系统的采购及安装则由业主负责

  - 开展两包中的设计进度管理：土建和一般机电系统，以及特殊机电和洁净室系统的设计进行和质量管理

  - 开展两包之间的界面分析和两个包之间的报批以及确定防火设计策略

- 在规划和概念设计阶段商定适用准则（1230）
  - 确定本项目必须执行的法律法规和相关标准、规范
  - 明确本项目所属地各级政府部门的规划等
  - 确定立项报告中认可的项目预算
  - 确定环评/安评/能评/职评要求
  - 确定工厂保险协会的保险要求（FM要求）
  - 确定国家绿建二星要求
  - 确定上海地标的预制率要求

生产（编码2000）管理

- 方案设计（2210）
  - 锁定工艺设计和工艺需求表
  - 锁定总平面和建筑面积
  - 锁定建筑基本参数（平面、剖面、立面结构体系和机电系统方案）
  - 锁定洁净室参数（洁净等级、温湿度、气流组织）
  - 确认空间层级并建立三维模型
  - 进行地勘技术支持
  - 进行微振测试研究
  - 进行精度在±30%的投资估算

- 初步设计阶段（2220）
  - 以认可的方案设计报告为基础进行总体规划报批
  - 以认可的方案设计报告为基础进行专家评审
  - 锁定建筑平面图、剖面图、立面图以及墙体施工方法和房间表
  - 锁定结构荷载、计算书以及梁、板、柱的平面布置
  - 锁定机电系统计算书、容量配置，主要设备材料以及主管道的走向

- 锁定LOD 200深度的三维模型
- 进行精度为±20%的投资概算

● 施工图设计（2230）
  - 开展放大图和施工详图设计
  - 开展机电系统原理图设计
  - 开展特殊系统包（气体、化学品、去离子水、废水处理、厂务监控系统等）设计
  - 编制设备、材料、电缆、阀门等物料清单
  - 编制仪表清单及操作流程
  - 编制主要材料和设备的基于美国工程行业（CSI）版本的技术规格书
  - 开展深度为LOD 300的三维模型设计
  - 进行精度为±15%的投资预算

输出（编码3000）管理

● 设计图纸管理（3210）
  - 开展全三维设计用以协调各专业设计和空间管理
  - 实施专业互提资流程确保专业设计间无差别和遗漏
  - 制订各阶段的标准检查列表
  - 开展内部的审核确保设计质量
  - 定期举行设计协调和空间协调会议跟踪进度/问题和解决方法

● 本地化的CSI版技术规格书（3220）
  - 对CSI版本的技术规格书进行规范、实施，开展市场和供应商信息的本地化
  - 在技术规格书中分别定义技术所采用的规范和应用范围、具体要求以及相关的市场标准和建设、安装要求

● 三维模型（3230）
  - 在方案设计阶段明确空间管理层级
  - 三维BIM正向设计（Revit），自动碰撞检查直至消除碰撞（NAVisWork）
  - 交付深度为LOD 300的模型

- 预算和设计进度更新（3240）
  - 编制本项目的二级设计进度并定期更新
  - 定期与本项目的业主进行风险预警和缓解计划安排汇报
  - 基于三维BIM正向设计的模型开展材料数量统计
  - 全生命周期成本（包括运行和维护）的估算
  - 在方案设计和初步设计阶段与业主就关键系统进行方案研究和成本对比

- 设计汇报和报审报批（3250）
  - 每月开展设计汇报，更新设计进度和问题
  - 按项目进度开展报审报批（总体规划、预制率、环境保护、消防、节能等）

管理方法和工具

- 采用设计管理模型（设计管理流程与设计质量控制逻辑）
- 采用三级管理流程
- 采用详细的、可视化的设计流程图和检查表用于管控设计质量
- 设计开工时建立项目执行计划并在项目实施中执行
- 定期举行会议追踪项目进度
- 执行内部设计审核进行过程及步骤的质量管控，建立审核意见记录表并进行跟踪直至项目完成
- 在各设计阶段与业主进行设计审核会
- 提前与政府部门沟通，确保报审报批要求及进度
- 定期与业主更新行动列表确认设计输入
- 变更管理流程用以控制成本、进度和质量的变更

第五节　项目设计团队

对于芯片制造厂房建设项目而言，每一个项目所对应的实际情况都不一样，其项目设计团队必定也有所不同。先基于本次的芯片制造厂房建设项目，对项目设计团队的结构和组成进行简单介绍，以介绍芯片制造厂房建设项目中设计团队的基本配置。本项目的设计团队由项目总监、设计经理、专业负责人和专业工程师组成。团队各级人员根据设计管理流程、三级管理流程，对全项目进行了设计和管控。图3-15为本项目设计团队的组织架构图。

本项目设计团队中重点介绍项目管理团队、土建设计团队和机电设计团队。项目管理团队4人，包括项目总监、项目经理、IE专家和文控人员，主要任务是把控项目的设计质量，与业主、政府部门、施工单位、第三方等开展沟通协调，以及主导各专业负责人的工作任务。土建设计团队6人，由建筑负责人、结构负责人和相关工程师组成，主要任务是进行项目总图、建筑、结构和内部装修的设计。机电设计团队12人，包括暖通主管、给排水主管、工艺主管、电气主管、BIM设计主管、节能专员以及各专业工程师，主要任务是设计项目的暖通系统（洁净空调系统、一般暖通系统、防排烟系统和工艺排风系统）、给排水系统（给排水系统、消防系统）、工艺系统（动力系统、特特殊气体/危化品系统、纯废水系统）、电气系统（强电系统、弱电系统）、空间管理及碰撞协调，以及编写节能专篇报告等。各专业主管安排相关工程师的具体工作内容，并对专业设计进度和质量负责，需要定期向项目经理汇报设计成果及进度情况。

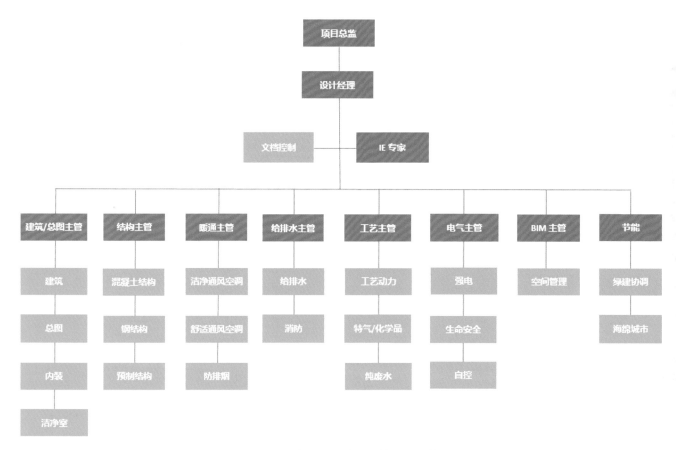

图3-15 本项目设计团队的组织架构

当然，项目设计团队的组织架构应根据项目的实际情况进行调整。无论设计团队的组织架构如何变化，其构架还是应以项目设计阶段的管理要素为核心，通过对管理要素的梳理，最终形成适合项目设计管理的组织架构，切不可盲目求全或广泛铺开，这样既不利于管理，也将造成各类资源的浪费。

第六节 项目设计成果

通过上述各管理模型和工具在项目设计过程当中的应用，对设计输入、生产过程和设计输出过程进行了细化分工和管理，控制和解决了设计过程中的风险和难点，保证了设计成果的品质和进度要求。

一个成功的芯片制造厂房的设计不仅要保证设计概念的完整性、先进性和合理性，图纸的深度和合规性，还需要综合考量设计的成果，即这座厂房是否可以满足业主的生产、总投、项目整体进度和安全性的要求。本项目根据业主的产品、产能以及分期策略，在现有的场地内规划设计了一座以工艺生产为核心、具有高度灵活性和可持续拓展性的芯片制造厂房。项目设计团队在充分了解业主的实际生产需求和洁净室及特殊动力系统的要求的基础上，结合最新的法律法规、相关地区的政策规划等要求，为项目的总投资和总工期量身定制了本项目的设计。由于在设计过程中充分运用了基于项目管理知识体系（PMBOK）的芯片制造厂房建设全生命周期管理模型和设计管理流程，按阶段有序控制设计的质量和成果，及早发现问题并提出解决方法，并通过三维BIM正向设计确保了各专业的协调和有效的空间管理，项目设计按时、按质交付，满足了本项目的进度和质量要求。

图3-16至图3-20为该项目设计成果的三维模型展示。

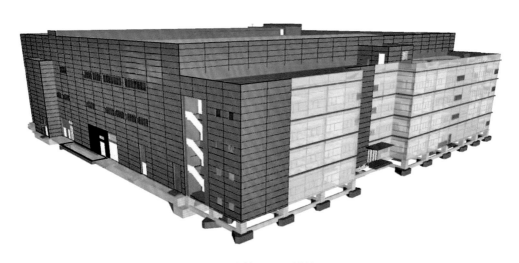

图3-16 建筑立面三维效果图

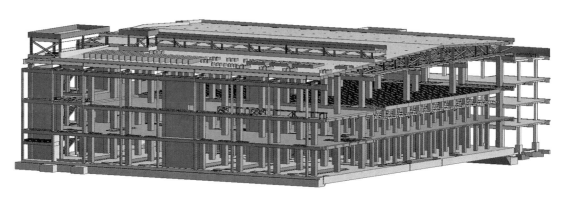

图 3-17　结构系统三维视图

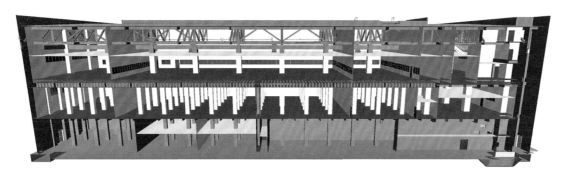

图 3-18　洁净室剖面三维视图

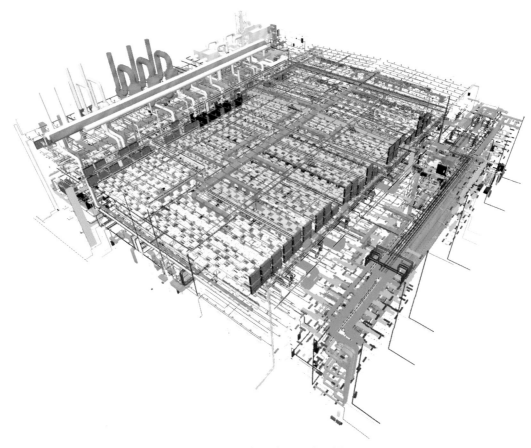

图 3-19　项目机电系统空间管理模型视图

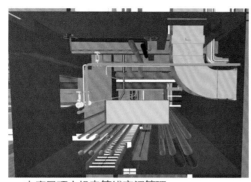
· 走廊吊顶内机电管线空间管理

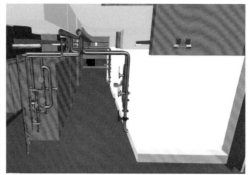
· 空调机房搬运维修通道

· 技术夹层机电管线空间管理

· 中央动力站搬运维修通道

图3-20　机电系统空间管理成果三维视图

　　在此展示的只是项目设计成果的一部分，在项目设计阶段完成后，项目设计团队应尽可能地将各类设计资料进行妥善保存和梳理。鉴于项目开展过程中的复杂性和不确定性，后续很可能会需要从这些项目设计成果筛选出所需对象并进行二次利用。所以，在项目设计阶段结束后，也必须确保项目设计成果的完整，做到应收尽收并归档保存。

第七节　本章小结

　　本项目是以生产工艺为主导的，具有特殊工艺系统支持的芯片制造厂房建设项目。项目系统繁复，涉及专业面广，而且采用三维BIM正向设计，根据业主要求设计中还要考虑分期策略，设计过程中还穿插各种专项报审报批工作，加大了本项目设计管理的工作量和难度。

　　本项目的设计管理以基于项目管理知识体系（PMBOK）的芯片制造厂房建设全生命周期管理模型为基础，结合项目实际情况引入了诸多管理模型和工具进行项目设计管理，使得项目设计和管理工作条理清楚，目标明确，步骤清晰，有条不紊，确保了各阶段设计成果的质量，有效地控制了项目的进度和成本，最终的设计成果达到了业主的预期，满足了各方的要求，得到了芯片制造企业和当地政府的认可和好评。

第四章 12英寸芯片制造厂房施工建设案例

本章以12英寸芯片制造厂房为例,介绍项目的整体情况和芯片制造厂房建设的特殊性,根据施工建设的目标分析施工建设中可能存在的风险和重难点,从项目施工建设中突出的进度管理及全过程管理中的相关方管理、安全管理、质量管理和调试管理等方面详细阐述芯片制造厂房施工建设的管理,并在最后对本项目施工建设的成果进行展示。

第一节　项目简介

本节主要简介本12英寸芯片制造厂房的产品与产量要求、建筑平面布置要求及芯片厂房建设的特殊性：华夫板、洁净室及特殊的动力工艺系统，整体展示该12英寸芯片制造厂房施工建设的重点。

一、产品与产量要求

该12英寸芯片制造厂房项目位于成都某高新技术产业开发区，项目占地675亩，项目建设投资约12亿美元，项目总体投资约100亿美元，需新建12英寸芯片制造主体厂房、生产调度及研发厂房、动力站及配套动力设施等，形成线宽180—22纳米的集成电路芯片生产线，工艺技术采用12英寸180—130纳米CMOS集成电路芯片提升至12英寸22纳米FD-SOI集成电路芯片技术，产量要求为月投产芯片85 000片。

二、总平面图以及各单体建筑的功能与联系

本期工程总平面构成可分为四大部分：生产调度及研发区、核心生产区、辅助区、规划预留区，其平面图如图4-1所示。

工程场地东西宽约520米，南北长约530米，西侧边线长约943米，场地总面积约为450 400平方米。整个项目按照总体规划、分期建设的方针开展施工，本期建设的工程主要位于场地的中部和东部，施工建设主体包括：生产调度及研发厂房、芯片厂房、动力站及辅助厂房等；二期建设的工程主要包括预留的规划厂房等，位于场地的西侧。

本期建设工程的主要建（构）筑物包括：生产调度及研发厂房（A01a#建筑）、食堂（A01b#建筑）、芯片厂房（A02#建筑）、动力站（A03#建筑）、库房（A04#建筑）、变电站（A06#建筑）、特气供应站（A07#建筑）、化学品供应站（A08#建筑）、危险品库

（A09a、A09b#建筑）、大宗气体站（A10#建筑）、油罐及油泵间（A11#建筑）、硅烷站（A12#建筑）等。

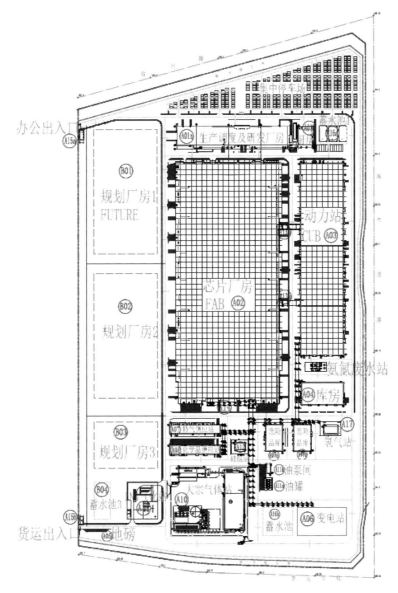

图4-1 项目总平面图

表4-1为各主要单体建筑的相关信息。

表4-1 各主要单体建筑的相关信息

编　　号	名　　称	层　　数	占地面积 / 平方米	建筑面积 / 平方米
A01a	生产调度及研发厂房	-1、8	7 050.38	57 786.18
A01b	食　堂	2	1 041.27	1 793.6
A02	芯片厂房	3、4	73 280	253 762.3

续　表

编　号	名　称	层　数	占地面积 / 平方米	建筑面积 / 平方米
A03	动力站	−1、2、3	26 419.09	82 678.16
A04	库　房	3	2 963.38	9 070.57
A06	变电站	2	4 500	9 000
A07	特气供应站	1	1 463	1 463
A08	化学品供应站	1	1 473.3	1 473.3
A09a	危险品库1	1	1 432.2	1 432.2
A09b	危险品库2	1	1 432.2	1 432.2
A10	大宗气体站		7 974.84	5 402.94
A11	油罐及油泵间	1	104.2	104.2
A12	硅烷站	1	218.4	218.4
总计			129 352.26	425 717.05

备注：层数列中的−1、8表示生产调度及研发厂房的地下共1层，地上共8层；芯片厂房的3、4表示核心区地上共3层、支持区地上共4层；动力站−1、2、3表示地下共1层，地上的一部分共2层，地上的另一部分共3层。

以下是各单体建筑的工程信息和主要功能：

芯片厂房（A02#建筑）

芯片厂房为芯片制造厂最为核心的生产中心，厂房占地面积73 280平方米，建筑面积253 762平方米，建筑高度为29.70米。根据芯片制造的工艺特点和要求，芯片厂房分为大跨度的核心洁净生产区和生产支持区（图4-2）。

图4-3给出了芯片厂房的剖面模型，可以较为直观地看出芯片厂房核心洁净生产区为三层结构。在该三层结构中，仅第三层进行生产，第一层是动力下技术层，布置生产配套必须的配套系统，包括化学品配送系统、特种气体系统、纯水抛光系统、变电站、备用电源、收货区、成品库、干泵区、排气间等。第二层是管道层，工艺服务系统的管道基本布置在该层，同时该层兼作生产层的回风层，也作为生产辅助设备（工艺泵、备用电源等）的布置层。第三层是大开间的生产层，用于布置生产设备。核心洁净生产区面积约40 000平方米。第三层与第二层之间的结构楼板是开孔率达25%的800毫米厚的穿孔楼板，穿孔楼板上再铺设600毫米厚的铸铝开孔活动地板，以满足回风的要求；生产层的顶棚安装风机过滤器单元，以满

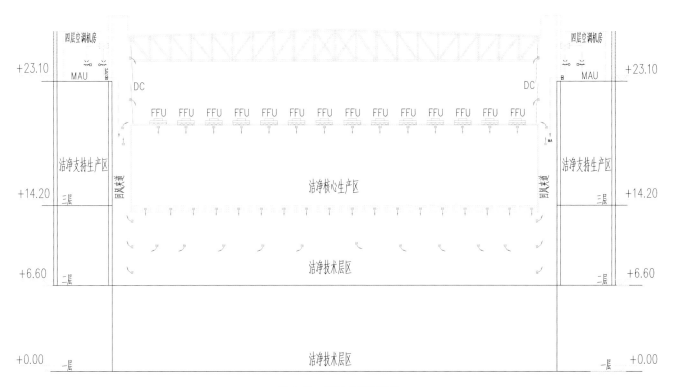

图4-2 芯片厂房剖面

图4-3 芯片厂房的剖面模型

足生产层的洁净生产要求。生产层设计大面积黄光生产区和一般生产间，黄光生产区用于布置光刻、涂胶、显影等工艺工序及其设备，一般生产间布置离子注入设备、湿法工艺设备、刻蚀设备、氧化扩散设备和金属化设备，这些工艺设备都按设备性质相对集中布置。

如图4-3所示，芯片厂房的支持区布置在核心洁净生产区的东西两侧，为四层框架结构。

支持区第一层设有设备入口、大宗气体纯化系统、酸碱暂存及配送系统、变配电站等；第二层为产品出厂检验系统、处理器泵、部件清洗系统等，第三层为功能服务系统及循环系统，包括化学机械抛光、离子注入、研磨刻蚀等，第三层也作为净化生产区，其面积约为5 800平方米；第四层为机房、变电站、新风机组、工艺排风系统等的布置层，该层的屋面局部布置有新风间。

动力站（A03#建筑）

动力站房为芯片厂房提供各种机电动力设施，占地面积约26 400平方米，建筑面积约82 700平方米，主体建筑高度为21.30米，采用两层钢筋砼框架结构，设有地下一层（地下室），主要布置水池和泵房；地面部分，第一层主要布置弱电进线间、弱电设备间、消防水泵房、消防水池、纯水间、化学品库、电气间、泡沫间、废溶剂间、废水回收间、污水处理间、预留间、锅炉房、日用柴油间、换热站等；第二层为厂务室、预留柴油发电机房、预留间、安全通道、柴油发电机房、排风井、变电站、空调机房、冷冻站、电气间、污水处理间等；第三层为第二层的夹层平面，主要布置备用间、数据中心、空调机房、控制室、预留柴油发电机房、柴油发电机房、排风井、变电站、动态备用电源、油箱间、电气间等。动力站的屋顶放置冷却塔等设备。动力站设有12条疏散楼梯和2台5吨货梯。

生产调度及研发厂房（A01a#建筑）

生产调度及研发厂房是芯片制造企业的行政办公和技术研发中心，占地面积约7 000平方米，总建筑面积约57 800平方米，建筑主体高度为36.50米，分为地上八层和地下一层，整体采用钢筋混凝土结构。生产调度及研发厂房的主出入口设于建筑的北面，为一个两层高的主门厅出入口，访客可由此进出生产调度及研发厂房。各部分员工由东侧次出入口进入后经过更衣区，通过走廊、电梯到达各层。生产人员到达第四层后，通过设置在此建筑物与芯片厂房之间的连廊进行二次更衣，再进入核心洁净生产区。此建筑物在第四层布置了员工餐厅，其余各层主要为管理、财务、采购、销售、服务、技术研发等部门的办公和会议用房。

生产调度及研发厂房布置有四组共9台电梯，其中一组2台客梯布置在了中部靠近员工出入口处，另一组4台客梯布置在主门厅，1台2吨客货两用梯布置在东侧，主要用于设备的运输。楼内各种流线不交叉，人货分流清晰。

辅助区

辅助区设有库房、特气供应站、化学品供应站、危险品库、硅烷站等，主要为芯片厂房供应材料和能源。库房设有设备维修车间、物料管理间、机台暂存间；设备备件存储间、原材料储存间；成品储存、原材料储存间等。化学品供应站设有可燃气体间、毒性/腐蚀性气体间、惰性气体间、空调机房、报警阀室、电气间等；无机化学品间、有机化学品间、废水收集间、报警阀室等。

三、芯片厂房建设的特殊性

主体结构中华夫板的施工

芯片厂房具有高洁净度、抗微振、单体建筑体量大、工期紧、楼面平整度要求高等特点。华夫板可以为微振厂房提供无尘的结构基础层，同时保证洁净气流循环通畅。同时，芯片厂房下夹层的机电设施可通过华夫板穿孔连接到机台。华夫板的强度也能够较好地满足芯片厂房抗微振的要求。

华夫板（图4-4）由华夫筒与钢筋混凝土构成，通常设计为具有大量孔洞、以双向交错

图4-4　华夫板

的井字梁为主要承重体系的镂空型楼板。本项目设计有约100 000个华夫筒布置于建筑面积43 000平方米的钢筋混凝土结构层中，华夫筒密度之高使华夫板的施工难度增大。

为了解决华夫板施工中的难度并且保证施工质量，本项目从华夫筒材质的选择，以及安装施工顺序管理及技术措施方面提出具体的解决方案，保证达到华夫板预期的使用功能和质量要求。华夫板作为芯片制造厂房建设中非常特殊的专业技术，会在第五章作为新技术进行做详细的介绍。

核心洁净生产区的施工

核心洁净生产区是芯片厂房中最重要的建筑区域，其涵盖的专业多，各相关专业配套复杂，其施工、安装过程中主要关注如下几点：

- 核心洁净生产区的施工内容主要包括建筑装饰、净化空调系统、动力公用系统、超纯水系统、废水系统、大宗气体及化学品暂存/输送系统、特气系统和安全设施以及各种配管配线等。核心洁净生产区在安装各种设备前应根据具体工程特点、工艺流程和使用功能，安排好相关生产工艺设备的安装顺序和二次配管配线的安装顺序。
- 核心洁净生产区的施工应根据土建工程的具体情况、复杂程度等因素，合理有序安排施工顺序和施工内容，尤其要在核心洁净生产区施工前做好管线及设备的空间管理等工作，运用BIM正向设计指导核心洁净生产区的施工。
- 核心洁净生产区的施工需各专业、多工种密切配合，应按具体工程实际情况，编制施工及安装程序和计划，循环渐进、有条不紊地完成核心洁净生产区的施工建设。

特殊工艺动力系统的施工

芯片厂房的特殊工艺动力系统主要包含：工艺排风系统、真空系统、工艺冷却水系统、大宗气体供应系统、特殊气体供应系统、化学品供应系统、超纯水系统、工艺废水处理系统等。

- 工艺排风系统
  芯片厂房的工艺排风系统分为一般排风系统、酸性废气排风系统、碱性废气排风系统和有机废气排风系统四类。

一般排风系统用以妥善处理生产设备运转期间产生的热废气及一般排气，以期保障工作环境安全及工艺生产稳定性，并符合环保和卫生标准的要求。

酸性废气排风系统负责收集生产设备运转期间所产生的含酸性废气，在洗涤塔内采用碱性溶液喷淋洗涤，中和处理至符合环保标准后，由烟囱排放至大气。

碱性废气排气系统负责收集生产设备运转期间所产生的含碱性废气，在洗涤塔内采用酸性溶液喷淋洗涤，中和处理至符合环保标准后，由烟囱排放至大气。

有机废气排气系统负责收集生产设备运转期间所产生的含有挥发性有机物（VOC）的废气，经VOC处理设备处理并符合环保标准后，由烟囱排放至大气。

- 真空系统

  为满足工艺生产过程中硅片传递等对真空工艺的需求而设置工艺真空站。工艺真空站设在芯片厂房第一层内，工艺真空站通过芯片建筑内布置的真空系统实现芯片厂房建筑内各使用点的真空工艺需求。真空系统通常采用分期设置，按期单独布置工艺真空泵站，真空系统的主管路将延伸到下技术层，与芯片厂房工艺真空站的分配系统主配管相连接。真空系统在华夫板下成树枝状布置，真空主配管沿芯片厂房轴柱网方向延伸布置，并在需要采用真空工艺的点位设置分支管真空关断阀，确保真空系统的安全与稳定运行。

- 工艺冷却水系统

  工艺冷却水系统负责为生产设备提供冷却功能，使生产设备维持在正常的工作温度范围内。工艺冷却水系通常设置在芯片厂房的一层支持区内。工艺冷却水系统——一种开式循环系统，一般由开式水箱、循环水泵、板式换热器、滤芯式过滤器及供回水管道组成。

- 大宗气体系统

  芯片制造过程中所需的大宗气体包括普通氮气、超纯氮气、超纯氧气、超纯氢气、压缩空气等。这些气体用量相对较大，一般从气体站的气体制备、气体纯化设备经管道输送至建筑内使用点，气体站的相关设备及其管道构成了芯片厂房的大宗气体系统。大宗气体由厂区内气体站供应，气体站内设置有专门设备以制备液氮、液氧和液氩等，站内还设有备用的液氮、液氧、液氩储罐，液氮、液氧和液氩的蒸发器等制备以及输送大宗气体所需的压力设备。在这些大宗气体中，氢气和氦气采用气体罐车和备用钢瓶组进行供应，配有自动切换设施以保证气体的连续供应，所有设备和系统的配置均可保证在常规情况下连续供气。压缩干燥空气也由气体站供应，气体站内设置压缩空气机、缓冲罐、干燥器、过滤器、氮气备用系统等。

- 特殊气体系统

在特殊气体系统中，特殊气体依其物理性质及安全特性，将其分为易燃易爆性气体、腐蚀性气体、毒性气体及惰性气体等四大类，本项目的施工中主要根据特殊气体的安全特性特来分别设置惰性气体间、腐蚀性气体间、易燃气体间、毒性气体间等。除了甲硅烷、三氟化氢、氨气、二氧化碳、氯化氢、20%氟气/氮气、4%氢气/氮气和一氧化二氮等特殊气体外，其余特殊气体采用布置在特气供应站内的大宗特气系统以确保生产工艺所需。甲硅烷、三氟化氢、氨气、二氧化碳、氯化氢、20%氟气/氮气、4%氢气/氮气和一氧化二氮等则通过放置在核心洁净生产区侧边一层的气瓶柜或气瓶架将气体送至核心洁净生产区内的阀门箱或阀门盘的方式进行供应。

- 化学品供应系统

化学品供应系统指以中央供给的方式来提供制程所需的化学品与芯片研磨液的生产保障系统，包括槽车系统、化学品输送模块、供应槽、日用罐、稀释系统、管线配置、阀管线箱、警报侦测系统、控制系统和废液回收系统等。芯片厂房内还会配有与化学品供应系统配套的动力系统和辅助系统，如电源系统、排风系统等。化学品供应系统的所有设备和系统的配置均应保证在常规情况下实现稳定供给。

- 超纯水系统

超纯水系统包括纯水制备系统、抛光精制系统和回用水系统。

纯水制备系统：原水加压泵自生产水池吸水，将原水输送至机械过滤器过滤，由热交换器将原水加热至25℃后进入过滤水箱。过滤后的水再由加压泵加压输送至活性炭过滤器过滤。经强阳离子交换器处理及脱碳塔脱盐，再由紫外线杀菌器灭菌，再次由过滤器过滤后，送至纯水处理机制成初级纯水。初级纯水再由加压泵加压后经紫外线杀菌器、初级混床、精密过滤器和膜脱气器处理并输送至设于芯片厂房一层内的超纯水箱。

抛光精制系统：超纯水由超纯水输送泵加压，经热交换器降温、紫外线杀菌器、抛光混床精制、增压泵加压，并由超滤器处理后，进入超纯水回路输送至各使用点。循环回水再回至超纯水箱。

回用水系统：回用水系统包括初洗水回用模块和终洗水回用模块。回用水系统设于芯片厂房的超纯水抛光站内，初洗水和终洗水均通过对应模块排入该系统。回用水系统设有三个水槽和一个内循环管路，过程中需对水质进行连续在线检测，达标后的回用水由传输泵送至工艺冷却水的过滤水槽，非达标的回用水则由传输泵送至工艺冷却水的水处理系统处理，如果回用水的水质特别差，则直接排入废水处理系统。

● 工艺废水处理系统
工艺废水处理系统负责收集与处理工艺废水与其他动力系统的排水，依排水的性质分为以下种类：一般酸碱废水，如芯片厂房内排出的酸碱废水、使用后的工艺冷却水等。如工艺废水处理系统正在检修，未经处理的废水也须排入该系统的蓄水单元等待处理。

第二节 项目的目标及风险

本节针对在项目初始阶段设定的项目进度、安全、质量、成本和交付目标，根据本项目的特点分析存在的风险及重点、难点，提出在项目施工建设需要采取应对措施。

一、项目目标及风险

针对该项目业主提出的质量、成本、交付期，结合相关技术、安全、质量标准以及当地政府规划，开展本项目施工建设的主要目标和风险的梳理，梳理结果见表4-2。

表4-2 施工交付阶段主要目标风险

	施 工 阶 段	交 付 阶 段
目标	进度12个月时设备可搬入 质量、安全可控 成本可控	交付后的6个月内可实现生产 系统满足设计要求 完成结算
风险	进度延迟，不满足设备搬入的节点要求 发生质量和安全事故 成本大幅超预算	系统调试结果不符合标准要求 核心洁净生产区、特殊动力不满足设计要求

施工阶段的风险目标

- 工期控制

施工工期控制在进度计划以内，保证最紧急的长周期机台的搬入时间节点为2018年3月30日，满足12个月机台搬入的要求。

- 质量控制

本项目的施工建设目标是建造一座12英寸芯片厂房及其配套厂房，因此对于质量的把控异常关键。需要从本项目在设计阶段做好技术指标审查，在施工阶段全程开展质量把控，在验收阶段务必符合标准规范。

- 成本控制

  由于本项目施工建设工期紧张，前期设计阶段图纸详尽不够，再加上分包商的深化设计及招标工作完成后用户的技术提资不充分，这些原因都造成了招标后项目执行阶段出现大量设计变更，开展了大量变更审核和管理工作，最终能将项目建设成本的目标定为控制在82亿元人民币以内。

- 安全控制

  本项目工程体量大，交叉施工作业多，设备安装内容多，工期紧张，施工工序复杂，对安全管理的要求特别高，需要对交叉作业、高空作业、动火作业、有限空间作业、带电作业、吊装作业、挂牌上锁作业以及文明施工等开展重点管控，以确保达到环境健康安全（EHS）体系的要求并实现无安全事故的目标。

交付阶段的风险和目标

建设的厂房是否符合设计要求，是否满足生产的需要，必须经过竣工验收和系统调试，具体的系统测试和调试将在后续章节重点阐述。

二、项目管理的重点、难点

本项目中当地政府参与了投资，政府聘请了第三方专业工程管理公司进行项目全过程管理实施。针对上述目标及风险，项目管理公司进行了专业的项目分析，并梳理归纳了本项目管理的重点、难点。

- 建设周期短

  本项目计划的建设周期是12个月，而业内新建芯片厂房的整体建设周期（含策划、设计、施工、交付）一般是18个月。过短的整体建设周期对本项目的设计阶段、招采阶段、施工阶段及后期验收阶段都会造成较大影响，这对管理公司全面统筹管理项目的整体建设工作提出了巨大的挑战。

- 工作界面复杂

本项目资金来源通过政府协调投资公司、总包公司融资完成，工艺技术提资由租用方发起，专业设计院按照租用方要求做出设计，管理公司作为业主方代表，将参与本项目的所有管理工作，包括编制可行性报告、报建、立项、勘察、设计审核、招标采购、施工管理、竣工验收直至工程保修结束的全过程建设管理代理。

本项目的土建总包为政府指定当地龙头国企，采取的结算方式为政府审计认质认价；24个特殊设备及系统包（含市政工程）采取邀请招标方式，由总包负责招投标、签订及执行合同，后期再统一转至项目的业主公司名下；项目的二类费用合同接近30个，包括监理、设计、管理、地勘、测绘、环评等，均由业主公司直接签订。

在项目管理中，管理公司要对接政府各部门、租用方、业主、总包、设计院、监理公司等，以及负责管理项目整体建设中的近60个分包商的工作（含二类费用包商）。本项目繁多而复杂的工作接口，无疑是对项目管理的巨大考验。

第三节　施工进度

本项目于2017年3月10日开始核心洁净生产区土建打桩工作，要求2018年3月30日具备第一批机台搬入的条件，仅12个月的工期。但在第一批机台搬入前，本项目必须完成的施工工程前提为：

- 土建基础完工，核心洁净生产区实现封闭，已完成三级洁净控制，正压送风，除了高效过滤器外其他工作均完成；
- 芯片厂房正式电已接入；
- 有毒有害气体检测系统已投用；
- 普通氮气已投用；
- 冷却塔系统已投用；
- 冷水系统已投用；
- 废水处理系统已投用；
- 消防系统已完成验收，含应急发电机系统已投用；
- 厂房设施总控系统已实现各系统联动。

根据本项目的工期目标和交付条件，针对工期紧系统多的特点，对施工建设过程设定阶段节点里程碑，明确关键路径，分析进度延期的原因，相应采取赶工等应对措施，建立进度管理流程，确保项目各方的统筹协调、按期交付。

一、项目一级目标计划

基于本项目的实际情况，梳理并形成项目一级目标计划，其目的是为项目施工设定里程碑节点（图4-5），为整个项目施工提供阶段性管理目标。

在里程碑节点设置完成后，需要在此基础上梳理并形成项目施工的各关键路径，以关键

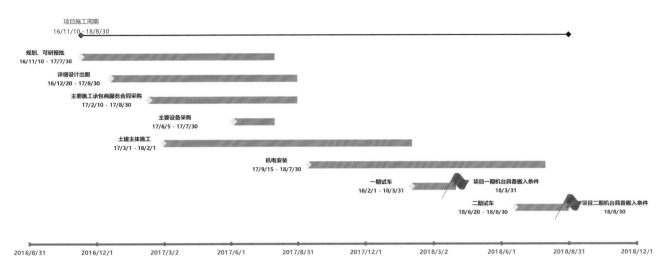

图4-5　项目施工的里程碑节点

路径种的核心洁净生产区和动力工艺工作为主线将本项目施工中的各关键路径细化设置20个关键日期节点（图4-6）。对于20个关键日期节点，重点管控其进度管理的前置条件，即对人、机、料、法、环、策的管控，确保各关键日期节点目标的实现。

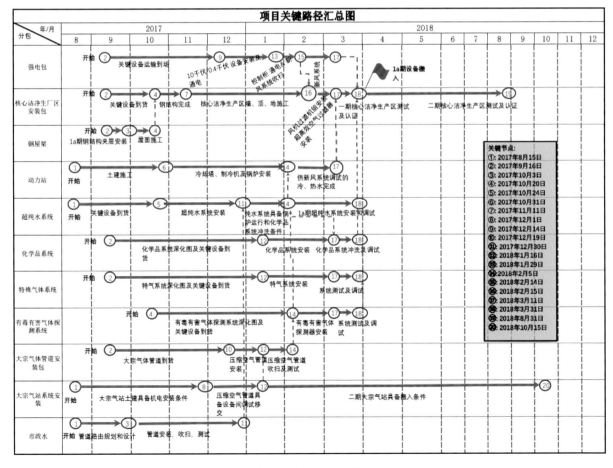

图4-6　项目施工的关键路径及其关键日期节点

作为项目最为关键的核心洁净生产区，专门为其设置了关键节点，作为核心洁净生产区控制的主线，本项目需要持续关注的关键路径主要有8条：

第一条：芯片厂房土建结构施工开始→钢屋架安装→屋面施工→核心洁净生产区机电安装→新风系统运行→空气净化器运行→核心洁净生产区测试认证→机台搬入。

第二条：动力站土建结构施工→屋面施工→冷却塔基础施工→冷却塔安装调试→为循环冷却水系统供水→制冷机试运转→为核心洁净生产区的空调系统供水。

第三条：制冷机、锅炉和纯水系统采购→制冷机、锅炉和纯水系统设备到货→制冷机、锅炉和纯水系统安装配管→各系统吹扫、试压、试运行→为核心洁净生产区新风系统运行提供冷热水源。

第四条：确定电力系统施工承包商→变压器及盘柜采购到货→芯片厂房、动力站和变电站的设备安装→变电站送电→核心洁净生产区新风系统、锅炉、制冷机、冷却塔及超纯水系统、废水系统设备试运转。

第五条：确定大宗气体系统施工承包商→压缩干燥空气系统管道采购及供货→管廊、芯片厂房及动力站压缩干燥空气系统管道安装→系统吹扫试压→压缩干燥空气系统向锅炉、制冷机、冷却塔、超纯水系统、废水系统供气、调试及试运行。

第六条：确定特种气体系统施工承包商→主要设备采购到货→设备、管道安装及有毒有害气体检测系统安装→特种气体系统试压、吹扫、泄漏实验→进行有毒有害气体检测系统调试→特气供应站向芯片厂房输送特种气体→机台搬入。

第七条：确定有毒有害气体检测系统施工承包商→主要设备采购及供货→系统设备安装及接线、调试→特气系统供气、调试→机台搬入。

第八条：市政水线路规划设计→管路施工→供水→冷却塔调试运行、超纯水系统向锅炉供水、制冷机向新风系统供水→核心洁净生产区温湿度控制达标→机台搬入。

二、进度挑战和进度赶工

在本项目的执行中，出现了以下这些方面的进度挑战：

前期准备阶段的挑战及对策

工艺提资缓慢，芯片制造企业迟迟不能提供完整的生产工艺布置图。由于芯片制造企业因保密或尚未产品定型等原因，导致工艺提资缓慢，未能按时提供工艺设备的整体布置图，且工艺提资后又多次发生重大变更，导致设计及施工过程中出现大量设计变更和施工延误或返工。面对这样的情况，管理公司第一时间组织政府与芯片制造企业的主要负责领导召开协调会议，讨论并决定会后一周内由芯片制造企业提供签字版的生产工艺布置图，最终确定了设计、施工所需的工艺提资。

由于本项目采用边设计边施工的执行方案，在设计和施工过程中，当地的环评标准的提高发生了升版，原设计时含氟废水排放标准执行的是旧的标准，项目施工基本完成时，当地政府执行了含氟废水排放的新标准，原先的废水排放设施已无法满足新标准的要求。鉴于此情况，管理公司在综合分析了成本和项目进度后，及时与政府相关职能部门开展商讨，最终决定在园区内与周边其他工厂联合建设一座含氟废水处理站，这一对策使芯片生产的含氟废水排放达到了新环评标准的要求，在成本和项目进度的考量范围内也实现了最优化。

施工许可证办理不及时。因为本项目为政府投资并代建项目，采用边设计边施工的执行方案，由政府指定当地国企作为总包，政府各职能部门（如土管局、审计局等）均派驻现场联合工作组对项目进行实时监督与管理，因此，不同于常规项目在施工前即可获批许可证，本项目的施工许可证一直到设计完成后才完成办理。面对这一特殊情况，这期间所有的基建手续均采用与政府派驻现场联合工作组沟通、协调并书面确认的形式及时解决，避免了项目施工进度的延迟。

项目采购阶段的挑战及对策

有毒有害气体检测系统、备用电源系统、物料输送系统、化学品供应系统等，芯片制造企业要求指定品牌，导致采购招标或产品采购到货延期 2 个月。

芯片制造企业对于核心洁净生产区施工包和有机废气排气系统施工包的技术澄清和评标选择迟迟无法确定，导致采购招标延期约1个月；

针对采购及招标造成的延期，在后期实施过程中通过加强横向协调沟通、各包交叉作业施工、划分施工环路以及提前拨付款项等激励措施，使其施工进度满足了设备搬入的节点要求。

项目施工阶段的挑战及对策

空间管理的挑战：

- 芯片制造企业的机台布置图提供较晚。
- 芯片制造企业空间管理模型确认较晚。
- 芯片制造企业的设备布局与BIM正向设计模型的核对确认较晚。

工艺提资变更的挑战：

- 由于芯片制造企业的工艺调整，造成核心洁净生产区面积变大，影响到了大部分的专业设计和承包商施工，比如核心洁净生产区、超纯水系统、废水系统、特气系统、大宗气体系统等。
- 由于芯片制造企业的工艺调整，造成厂务监控管理系统的设计和施工变更。
- 由于芯片制造企业提出对废水、废液分类收集的额外工艺需求，导致相关系统的设计和施工发生变更。

综合以上，在项目招标按照原设计完成后，由于芯片制造企业提出工艺变更或新增工艺需求，使得本项目施工期延误3个月。

项目的环评及安评变更的挑战

由于前期的项目大部分招标工作是在环评和安评之前完成的，在施工阶段环评及安评发布并执行了新的规定，使得本项目施工工期延迟4个月。

- 执行环评及安评新规后，新增招标包3个。
- 执行环评及安评新规后，应急水池需要扩大面积。
- 执行环评及安评新规后，危化品仓库需对重新规划房间布局，增加门禁和相关设备的防爆要求。

针对上述过程中的各种挑战，主要采取如下对策

- 要求总包方针对芯片厂房、动力站制订详细的赶工计划，加大现场人力机具等投入，务必守住土建工程交付的关键节点。
- 要求电力系统施工包的承包商提交变压器以及高低压柜的排产、出厂计划，保证设备按合同日期到场，实现按计划送电，满足其他配套系统调试的需求。
- 尽量缩短主要设备及材料的报审流程及审批时间，加快设备及材料的采购进度。
- 要求各承包商开展主要设备的到货进度分析，对关键系统所需设备尽可能提前到货、提前安装、提前调试。
- 压缩各承包商的主要设备和材料的供货周期，以合同中约定的里程碑节点为红线，利用合同条件督促承包商按计划落实里程碑节点目标。
- 优化不同承包商和专业间施工工序，合理组织平行施工。
- 在条件允许的前提下，要求承包商加大人力机具投入，延长现场施工作业时间，加班加点。
- 紧密跟踪项目各里程碑节点，及时发现风险并落实对策。

为实现芯片厂房主体结构顺利封顶，在项目施工中进一步采取措施，调整钢屋架的施工顺序，满足了核心洁净生产区的机电系统安装需求。后续的机电系统安装工作采用大面积交叉施工，安排承包商增加了人员和施工设备的投入，节假日适当赶工。同时，整个项目施工团队从施工组织、管理工具等各方着手实施精细化管理，制定进度管理流程，通过优化施工路线，增加交叉作业、平行作业工序等手段追赶延误的工期，施工进度逐步赶上了原计划的里程碑节点，为核心洁净生产区的设备搬入提供了进度保证。

三、进度管理流程图

在项目实施过程中，管理团队与承包商采用图4-7所示的进度管理流程开展进度计划管理，

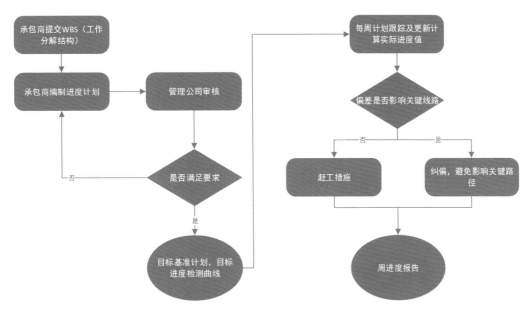

图4-7　进度管理流程图

由承包商按项目一级目标计划提出的要求梳理自己的主要工作内容，编制自己的详细进度计划，送交管理公司审核，审核通过后，以此计划作为该承包商的管理目标（绩效标的），通过每周与该承包商的实际进度对比，判别是否需要采取纠偏或赶工措施，保持项目一级目标计划不变。

四、实际进度管理

经过管理团队和各参与方的共同努力，实际进度与项目一级目标计划（基础里程碑计划）的对比如图4-8所示，可见，项目施工的实际进度满足了项目一级目标计划，部分施工甚至提前完成。

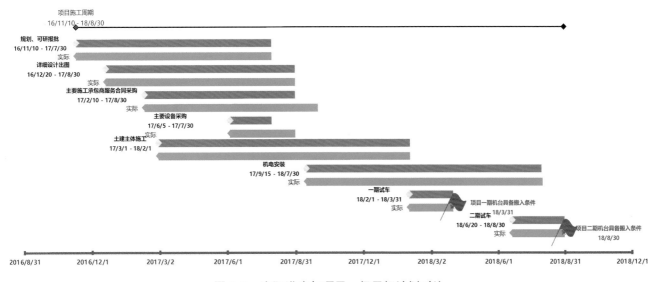

图4-8　实际进度与项目一级目标计划对比

第四节　施工阶段的项目管理

本项目在施工过程中开展了基于项目管理知识体系（PMBOK）的芯片制造厂房建设全生命周期管理模型的，从报建立项阶段到最终交付阶段的全过程管理，本节除阐述全过程管理的要点外，还将介绍相关方管理、安全环境健康管理、质量管理和核心洁净生产区调试管理，展示芯片厂房全过程管理的方法和特点。

一、施工阶段全过程管理的要点

报建立项阶段

管理要点主要是可行性研究报告的质量，报建、立项等政府的行政审批事项的进度。

设计阶段

管理要点主要是概念设计、初步设计、施工图纸的质量和编制进度；机电安装、工艺系统包的定义文件质量和编制进度。在本项目中，此项工作历时长达6个月，需要业主方和管理公司实时跟进设计单位，全面检查并审核本项目所有的专业图纸和文件，务必为项目的招标阶段及施工阶段提供保障。

招标采购阶段

管理要点主要是合理划分包界面，招标文件、工程项目清单、编制造价控制文件以及承包商资治的质量和进度；组织安排特殊设备包及系统包的招投标前，应确保招标资料的质量和进度，及时报送政府审批。在本项目中，此项工作历时长达7个月，总计完成24个特殊包招标，涉及金额约55亿元人民币。

具体施工阶段

管理要点主要是土建、机电安装、工艺制程、各系统专业分包等现场施工的管理工作，对工程的工期、质量、安全、进度、文明施工进行全面管控。务必对项目施工进行全过程监督，对易产生的质量通病和易对后期生产产生影响的分项工程、施工工序等加强预控及过程监督，建立多层逐级抽查制度，项目各方全面履行合同义务。

竣工验收交付阶段

管理要点主要是有序组织项目竣工验收，达到移交标准。实施项目建设方面的现场管理控制及资料、合同管理；完成变更资料，形成满足结算要求的有效文件，并及时收集、整理、移交或归档资料。

二、项目相关方管理

本项目由政府投资并代建，因此由政府和芯片制造企业共同组建项目指挥部，行使甲方的责权。芯片制造企业负责提出建设需求，政府和芯片制造企业洽谈并确定需求后开始项目建设工作。政府和芯片制造企业各自聘请了管理公司提供技术和管理支持（图4-9）。

指挥部选聘设计、勘察、监理等方面的专业单位为总包的工作开展图纸设计、产品规格书及相应的技术要求编制，在管理公司的协助下开展项目相关的设计工作。

由于芯片厂的技术复杂，在项目施工阶段，指挥部通过邀请招标的形式在管理公司的协助下开展了物流输送系统、超纯水系统、废水处理系统、化学品供应系统、有机废气排气系统、冷却塔系统、有毒有害气体检测系统、厂务设施管理系统和电力监控系统等10个系统包的招投标工作，并在后续选择了机电系统施工包、强电系统施工包、大宗气体系统施工包和工艺系统安装包等五家安装单位进行安装。

同时，为了节约成本和控制质量，项目指挥部直接采购了制冷机组、锅炉、冷却塔、发电机组、备用电源系统和洁净电梯等六个设备包。

鉴于市政的特殊性和专业性，项目指挥部直接将天然气、自来水和临时电力承包给了当地的市政公司。

图4-9是本项目施工阶段各方的关系图。

图4-9　项目施工阶段各方的关系

政府方协调

由于该项目是政府参与投资和代建的项目，本项目的建设流程较建设标准流程有以下几点不同：

- 由于采用边设计、边采购、边施工的方式，在与政府各职能部门的沟通中需要政府专门协调，例如在施工许可证办理阶段，提前邀请政府质量、安监部门介入等。
- 重大专项验收时需要政府职能部门的支持，比如建筑主体验收、消防验收、竣工验收等，在这些重大专项验收阶段，往往还有许多工艺安装项目还在同步开展，相关的二次配工程也才刚刚启动，这就需要在政府协调会上提前告知各职能部门并达成共识，形成相关会议纪要，确保重大专项验收工作顺利开展。

项目执行组织管理

针对该项目施工高峰期5 000人以上的劳动规模，安全生产与质量管理是重中之重，单凭任何一家企业的力量都无法确保这两项工作的顺利开展，本项目实施了联合型项目安全质量管理体系，设置项目安全委员会与质量委员会制度，管理公司、监理公司、总包商及各分包商的专职人员开展联合办公，一旦发现问题即开展同步分析和同步解决。

图4–10本项目施工中采用的安全管理组织架构，以管理公司为主，监理公司和业主部门的相关同事参考与支持，在厂房的每一个单体和工作区域均设有指定的安全负责人，同时，针对电气专业和相对综合的安保工作指定专门的安全主管负责安全生产。在管理公司下面，安排相应的总包安全管理人员和分包安全管理人员落实到每一个区域，总包、分包安全管理人员负责各自区域的安全生产，管理公司负责监督、指导承包商按相应的标准和合同执行安全生产，通过定人、定岗和定考核绩效，共同推动施工安全生产。

在质量方面，由于芯片厂房的专业性和特殊性，管理公司设定了纯水系统、废水系统、特气系统、大众气体系统、工艺冷却水系统、酸碱排风系统和有机排风系统等7个专业质量负责人，同时在芯片厂房、动力厂房及其他区域和外场各设立1名专职质量负责人。和安全委员会类似，监理和业主的相关同事协助管理公司的质量管理工作，相对应的承包商对管理

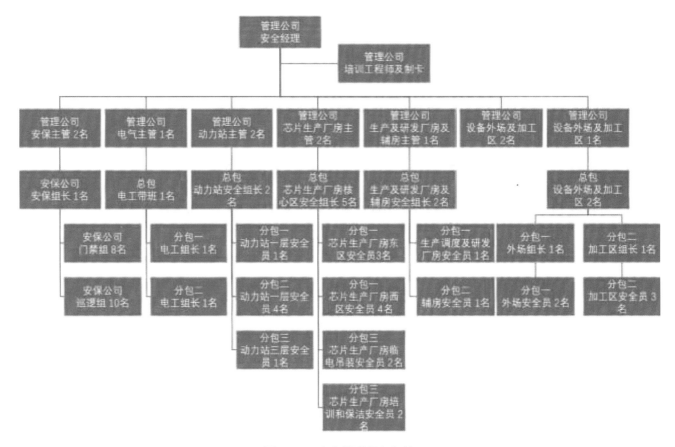

图4-10　安全管理组织架构

公司的质量负责人设有专人对接，共同推动质量管理工作，图4-11本项目施工中采用的质量管理组织架构。

三、环境健康安全体系（EHS）的管理

本项目施工周期仅为12个月，高峰期工人达到5 000人，工作区域比较大，交叉工作多，必须建立有效的环境健康安全体系（EHS）管理措施并及时地评估和持续改进。

建立环境健康安全体系（EHS）操作规程

施工阶段的环境健康安全体系（EHS）操作规程是建立在各施工任务以及其管理职责基础上的，本项目在必须执行的国家相关环境健康安全体系（EHS）要求外，还梳理并形成了多个环境安全健康体系（EHS）操作规程（表4-3）。

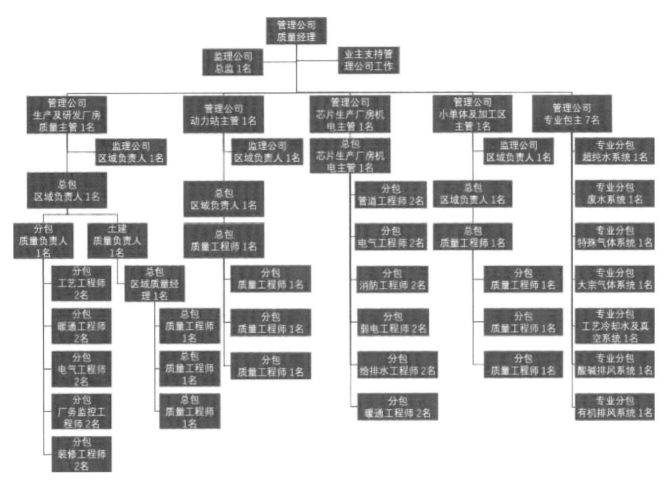

图4-11　质量管理组织架构图

表4-3　环境安全健康体系（EHS）操作规程

生特瑞安全标准及管理操作程序				
编　号	名　称	附件编号	附件目录	状态
Proc-EHS-001R1.0	项目通用EHS规则			已发布
Proc-EHS-002R1.0	教育与培训程序	Format-EHS-001R1.0	分包商人员进场EHS培训记录	已发布
Proc-EHS-003R1.0	项目保安和出入程序	Format-EHS-002R1.0	保安日常巡检表	已发布
		Format-EHS-003R1.0	零星无害材料进出门登记表	已发布
		Format-EHS-004R1.0	设备材料进场申请表	已发布
		Format-EHS-005R1.0	危险材料进场许可申请表	已发布
		Format-EHS-006R1.0	材料出门证	已发布
		Format-EHS-007R1.0	施工现场进入须知	已发布
		Format-EHS-008R1.0	车辆出入登记表	已发布
		Format-EHS-009R1.0	访客登记表	已发布

续　表

编　号	名　称	附件编号	附件目录	状态
Proc-EHS-004R1.0	个人劳动防护用品程序	Format-EHS-010R1.0	眼睛和面部保护要求	已发布
		Format-EHS-011R1.0	人身保护设备基本要素列表	已发布
		Format-EHS-012R1.0	焊接面罩镜片遮光选择	已发布
Proc-EHS-005R1.0	现场安全检查	Format-EHS-013R1.0	EHS检查清单（中文）	已发布
		Format-EHS-014R1.0	EHS检查清单（英文）	已发布
		Format-EHS-015R1.0	管理层视察检查表（季检）	已发布
		Format-EHS-016R1.0	现场EHS检查报告表（周检）	已发布
Proc-EHS-006R1.0	安全奖惩制度	Format-EHS-017R1.0	优秀工人评选标准	已发布
Proc-EHS-007R1.0	应急响应与预防	Format-EHS-018R1.0	急救药箱物品检查表	已发布
		Format-EHS-019R1.0	台风措施检查表	已发布
		Format-EHS-020R1.0	集合点名名单	已发布
		Format-EHS-021R1.0	防暴雨措施检查表	已发布

　　按照基于项目管理知识体系（PMBOK）的芯片制造厂房建设全生命周期管理模型的四个阶段细化安全工作及输出结果。不同于整体模型中的四个阶段，项目团队将整个项目分成准备、采购、施工和交付四个阶段，明确在每个阶段的主要任务和交付的成果（图4-12）。

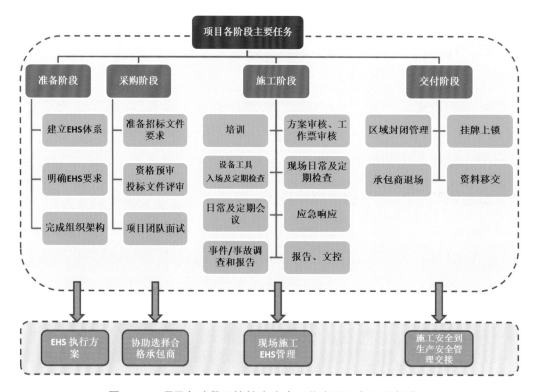

图4-12　项目各阶段环境健康安全工作主要任务和交付成果

同时将环境健康安全的具体工作内容进一步分解，将环境健康安全的管理职责落实到具体的任务中（图4-13）。

图4-13　环境健康安全管理任务分解

环境安全健康体系（EHS）的过程管理

基于现场的环境安全健康体系（EHS）过程管理要求，安全团队通过计划、培训、检查、审计、会议、奖惩等体系要素开展全过程管理，如图4-14所示。

环境安全健康体系（EHS）的管理成果

在项目各方的共同努力下，施工阶段的环境安全健康体系（EHS）管理达到了预期的目标，实现了700万安全工时的佳绩（图4-15）。

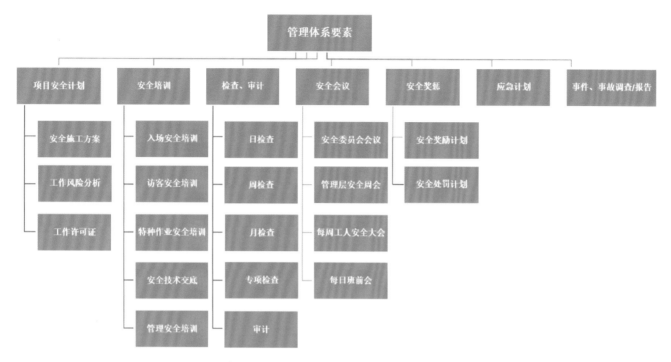

图4-14　基于体系要素的环境安全健康体系（EHS）过程管理

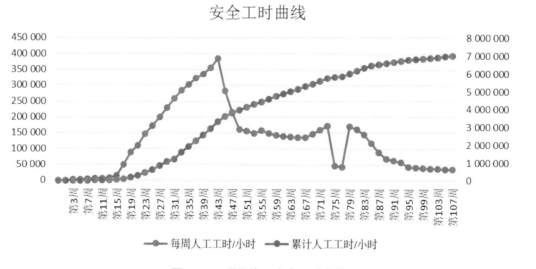

图4-15　项目施工安全工时曲线

四、施工质量体系及其管理

在项目施工开始前即根据项目的实际情况编制一套既符合质量体系要求又符合业主要求的质量体系控制程序，目标是所有建筑、设施、设备均达到规定的质量体系要求，确保建筑、设施、设备的安全、可靠和质量。

施工质量体系

在项目施工前根据项目的实际情况梳理并建立项目施工质量体系（图4-16）。

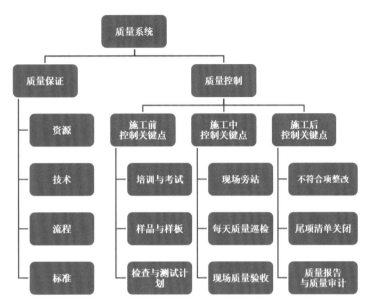

图4-16　项目施工质量体系

基于项目施工质量体系，结合国家相关质量体系管理要求，梳理并形成施工质量体系控制程序（图4-17）。

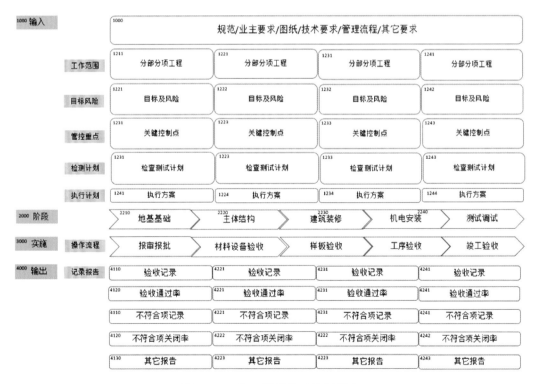

图4-17　施工质量体系控制程序

根据业主输入信息、规范、图纸、技术要求和管理流程等，确定施工阶段的质量体系控制的工作范围，对工作范围进行目标和风险分析，找出质量体系控制的关键点，形成针对本项目的质量体系控制检查测试计划，最终形成为本项目的质量体系控制计划，这是本项目施工的质量保证。在项目施工实施过程中，把项目分成五个阶段，即地基基础、主体结构、建筑装修、机电安装和测试调试，都按照质量体系控制计划对施工中相关的人员、材料、设备的资质报审报批、材料设备验收、样板验收、工序验收和竣工验收五个流程进行控制，在施工质量检查中、形成质量检查记录和不符合项报告等，对其进行分析、总结和纠正，不断地提升施工现场的质量管理水平。

施工质量体系控制的具体实施

● 项目施工人员的质量培训和特种作业人员管理
针对本项目实际情况，对项目的所有施工人员进行质量培训，使其熟悉施工中的相关质量要求，以提高全体人员的自我管理水平和意识，对工程项目管理予以更好地支持。培训结束后应形成培训记录和培训反馈表单，虽施工进度统一归档。

建立项目文档管理系统以控制和追踪所有的项目质量文件。系统建立后，文档人员将会对项目相关人员开展文件资料管理培训。培训内容包括文件资料的建档，信息询问单、送审单的过程管理等，通过文件资料管理培训，使项目文档格式一致，文档收发按照规定流程执行，项目文档资料便于检索。

质量部门负责组织技术质量管理培训。施工开始前，技术质量团队将组织质量管理相关培训。培训内容包括业主质量要求，国家相关质量法律法规、现场质量管理程序、现场质量验收流程等。通过质量培训，保证业主的质量要求得以贯彻，确保项目工程质量符合国家规定。技术质量团队负责组织技术/操作规范的培训，并对规范中存在的疑问进行澄清。如有必要，在技术/操作规范更新或升级后，应对更新或升级章节进行新的培训，以确保项目相关人员执行的规范要求一直保持最新、有效的状态。技术质量团队也应对施工图纸、深化图、设计变更等进行有针对性的培训，使施工团队、质量团队、总承包商等掌握最新的设计变更，确保现场施工按照最新版图纸开展。

质量部门和安全部门联合负责对总承包商现场特种作业人员进行资质证书审核和验证，参加现场特种作业人员能力考核。特种作业人员作业前必须取得政府部门颁发的职业资格证书，符合本岗位的任职条件的，方可上岗独立工作作业。

- 监视和测量设备管理

  加强总承包商监视和测量设备的管理，并不定期对其安排第三方专业机构进行检查，确保监视和测量设备处于有效期，保证项目工程质量检验检测满足要求。监视和测量设备的采购、校验、登记、维护、保养、使用情况所形成的文件记录全程建档随项目进度保管并移交。

- 项目采购质量管理

  项目开始前，编制采购管理程序文件。采购程序文件中，应明确采购管理组织架构、岗位职责、工作流程等。任何材料和设备在签订采购合同前，都必须报送样品、样本、和质量证明文件等。

- 材料、设施、设备的管理

  总承包商应对材料、设施、设备的供应厂家进行调查，审核材料厂家的相关资质，材料、设施、设备的检测报告、合格证书、服务承诺书等；对样品实物与资料的统一性进行审核，并对照项目施工的技术标准或要求，确认其符合性。供应厂家的资治审批根据规范和合同要求执行。采购前，总承包商应提交样品供业主和管理公司审核。材料、设施、设备进场后，总承包商应对其进行自检并做好自检记录。自检合格后，总承包商应提交监理、管理公司和业主进行材料、设施、设备的进场验收。验收合格后，方可准予用于现场施工。各方应对材料、设施、设备的包装、外观、数量、标识、尺寸等进行复检，同时应对自检记录和其他证明文件进行审复核，确保符合质量要求。进场的材料、设施、设备必须符合采购文件并与送审样品一致。同时，材料、设施、设备的验收清单需要由总承包商和相关方共同签字确认。总承包商及其分包商应确保进场材料、设施、设备在没有验收前不得用于施工或进行下一步工作。

- 不合格材料、设施、设备的处置

  材料、设施、设备进场验收不合格时，各方检查人员应共同确定该材料设备不符合相关质量要求，并开具《不合格品处理单》并签字，由相关质量工程师进行审核，提出处理意见，报质量经理批准，并按质量处理流程进行处理（图4-18）。

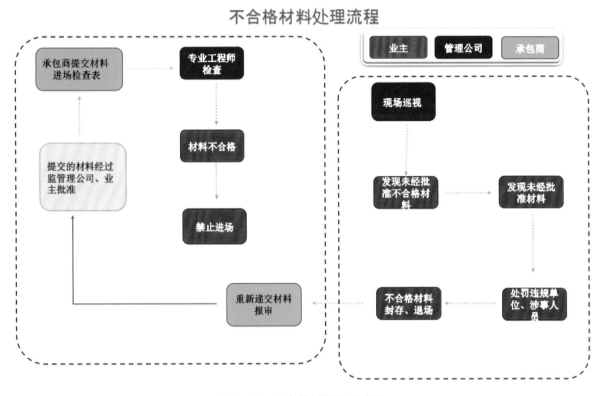

图4-18 不合格材料处理流程

- 样板管理控制

  为了保证本项目工程使用的永久性建筑材料、设施、设备的质量符合图纸和技术规范的要求，施工阶段有效验证到场原材料、设施、设备的质量，管理公司在项目施工阶段落实了总承包商实施样板工程的制度，并参加样板工程验收。样板工程可以统一质量标准，使对质量监管负有责任的各方对验收标准形成共识，避免以后验收中产生分歧。同时，样板工程可以培养一线施工人员的作业技能，提高其质量意识。样板施工方案的编制由总承包商完成，管理公司和业主负责审核审批并参与样板制作的监督与验收。样板工程中所用的材料、设施、设备必须是总承包商提交并经过管理公司和业主批准认可的，也必须使经过现场各方验收的，并确保材料、设施、设备的质量证明文件齐全、有效。样板工程施工完成后，总承包商应提交《样板工程验收表》，由管理公司和业主代表批准。

- 施工质量检查验收控制

  项目施工开始前，管理公司应确定项目施工质量检查验收的程序或流程，确保工程施工质量按规定的标准和流程进行检验和试验，并提供满足业主需求的客观证据。总承包商应遵循批准的验收流程，对现场验收统一管理，总承包商、管理公司、业主等各方共同参与。总承包商应负责现场施工，保证施工质量符合设计、规范、法规要求，并负责对现场质量问题进行整改。总承包商也应负责施工自检，并在自检合格后向管理公司和业主代表提出验收申请，组织开展联合验收。若有任何一项自检不合格，总承包商均不得申请联合验收。管理公司负责协助业主验收过程的质量监督，对未经检验和试验或检验、试验不合格的施工成果，不得转入下道工序。总承包商、管理公司和业主应共同做好记录，并督促总承包商进行整改，直至质量达到合格。在验收过程中，各方应严格按照设计图纸、施工验收规范、工艺标准的规定要求进行验收。

在工程的施工验收方面，在隐蔽工程尚未封闭前，先由总承包商进行自检和试验，总承包商的质量工程师复查合格后，由总承包商的质量工程师填写《隐蔽工程记录》，通知管理公司和业主代表检查验收、确认后，才能予以封闭。未经检查验收或检查、验收不合格的，不得进行封闭或下一道施工工序。

根据国家标准和规范要求，如果需要进行第三方专业机构检测单进行取样检测的，由管理公司负责联系专业机构，并负责检测结果的追踪。如果检测不合格，及时通知总承包商等进行整改。

根据国家法律法规要求，施工过程中需要政府监管的项目（如压力容器、压力管道、起重机械等的安装），总承包商预先向有关监督机构办理申报手续。在施工前，总承包商应及时将施工信息通知政府部门或其指定检测单位；施工过程中，总承包商应及时邀请政府部门或其指定检测单位进行现场检验、见证。检验合格后，及时获取政府证明文件。

- 竣工验收管理
  竣工验收由总承包商项目经理、技术负责人组织实施，应邀请管理公司、业主代表、政府有关监督部门代表共同参加。总承包商填写有关试验记录，并经管理公司、业主代表签字，确认符合要求。

压力容器、压力管道、起重机械安装等政府明确要求监管的施工作业，在施工完毕后，总承包商应联系政府有关监督部门进行最终检查验收，同时应管理公司、业主代表参加检验和确认。

在竣工验收阶段，对在最终检查验收中发现的不合格项，总承包商均应做好记录与标识，并按照《不合格项控制程序》进行处理，总承包商、管理公司务必进行跟踪再验证，直至全部合格后，才能交付业主进行验收。

最终检查验收全部结束，全部有关数据和文件齐备，总承包商应按规定要求，收集、整理、装订必须的交付文档，向业主申报竣工验收并经业主和相关方签字确认。同时，向当地政府档案管理部门移交相关交付文档。

综上，按照施工质量体系控制流程进行系统的管理和实施，使得各施工质量管理要素均满足相关体系和项目要求，现场施工质量检查和控制达到了预期目标，最终竣工验收和交付一次性通过。

五、核心洁净生产区系统调试管理

核心洁净生产区施工系统调试的重要性

核心洁净生产区系统调试是检验核心洁净生产区系统是否达到设计的功能和参数要求所做的调试工作。核心洁净生产区系统调试包括单机调试和系统联调工作，核心洁净生产区系统调试的重要性主要体现在以下几个方面：

- 发现并解决设备、设施、控制、工艺等方面出现的问题，使核心洁净生产区能够第一时间投入正常运行；若发现问题，可第一时间修正设计和安装缺陷，避免延误项目施工的整体进度。
- 实现系统设计目标的前馈管理，即可得知核心洁净生产区内部环境参数各项指标是否达到了设计要求，是设计质量的最重要的保证。
- 在符合各项控制参数、设计要求的前提下，使系统在低耗节能状态下运行，可为未来实现低成本运行提供基础和参考。

核心洁净生产区施工系统调试的目的

达到核心洁净生产区的温湿度、洁净度及其他要求，系统正常运行，功能达到设计要求。

核心洁净生产区施工系统调试的内容

- 各单系统及设施、设备单体运转：对单系统及设施、设备单体的性能是否正常发挥，以及在运转的状态下是否有异常情况（如振动、噪声）进行确认和调整。本节将以新风系统风机的单机测试为例进行说明。
- 系统联动测试：对与各设施、设备关联的电源、管道、自动控制等公用系统的运转状态进行确认和调试，确保这些系统的联合工作性能和状态。本节将以新风系统联合调试为例进行说明。

核心洁净生产区施工系统调试的顺序

新风系统风机的单体调试（图4-19）：

- 试运转条件及准备工作（测定仪器为叶轮式风速仪）
  要点：调试的技术质量措施、质量控制点已设置；调试试车程序、步骤、安全措施、操作方法、技术参数、过程中的检测项目、参加人员及职责分工均已落实。

- 安排的起动顺序
  要点：按设备说明书安排起动顺序。

- 通电准备
  要点：交流耐压试验、开关柜联动试验、受电方案审批、电机单试等均已完成。

- 送风初期调试
  要点：按设备说明书开展具体操作。

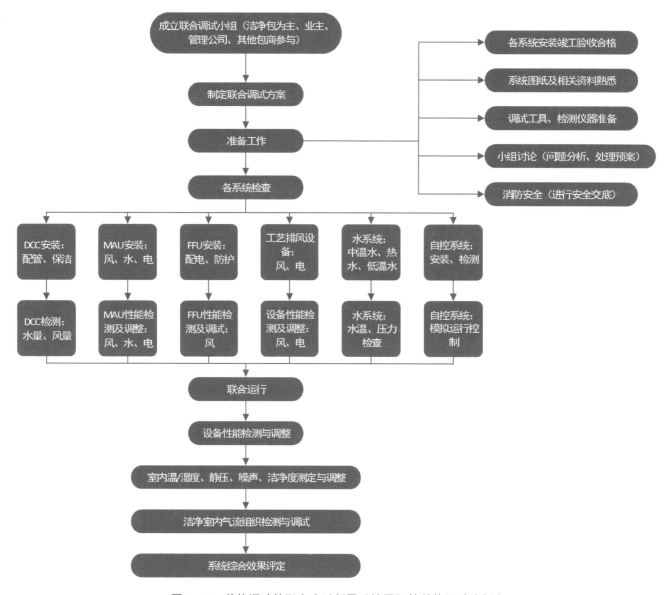

图4-19 单体调试的顺序（以新风系统风机的单体调试为例）

- 自动控制调试

  要点：对自动控制系统中的各类仪器仪表的安装、联动逻辑进行单校及联校；对报警系统进行调试，确保其灵敏可靠，数据显示正常。

- 100小时的试运转（连续运行）

  要点：系统的机泵及风机轴承温度、机体振动正常，密封装置泄漏量符合要求、无异常声音。

核心洁净生产区施工系统联合调试

以新风系统联合调试为例,在调试前,需要明确联合调试需具备的条件及目标(表4-4)。

表4-4　新风系统联合调试管理表

系　统	联合运行需具备条件	最　终　目　的	相　关　方
新风系统	新风系统各设备的安装、内部清洁均已完成	新风系统的进出风技术参数达到设计要求	洁净施工承包商
	热源系统具备运行条件		
	冷源系统具备运行条件		
	新风系统安装、检漏、保温已全部完成	冷、热源系统达到设计要求;新风系统达到设计工况并满足使用需求	机电系统施工承包商
	配电安装、检测完成		
	单机试运行成功		

联合调试的要点

- 新风系统主要控制室内的湿度并保证室内的正压,是由风机、冷盘管、热盘管、空气过滤器(初级、中级、高级三级过滤)、加湿器组成,气流通过初级过滤、中级过滤、预热、降焓、减湿、再热、高效过滤后送入回风层,调试中应整体关注新风风压及室内温湿度的稳定性。

- 冷盘管用来控制进风的露点温度,对新风进行降温和除湿,调试中应关注温度和湿度下降的速率和维持范围。热盘管用来控制空调箱的出口温度,将降温除湿后的新风加热到设计要求的温度,调试中应关注温度的上升速率和维持范围。风机由变频器控制,负责对新风出口压力的调节,调试中应关注其控制稳定性和风压的极限范围。

- 影响核心洁净生产区内温度的主要因素有设备及工作人员所产生或带走的热量,可以根据实际的生产情况调整新风系统的送风温度。当室内人员较多、设备运转时发热量较大,这时候就可以将新风系统的出风口温度的设定值调得低点。当生产线停止的时候,这时候热源较少,可以将新风系统的出风口温度的设定值调得略高。由于在洁净室内还有干盘管对特定的区域的温度进行精调,因此,新风系统出风口温度的设定值并不需要频繁地调整。有条件的项目还可以配置温湿度和风压自动控制系统,以对核心洁净生产区的温湿度和风压进行自动实时调整。

第五节　项目成果展示

通过团队上下的共同努力，项目施工达到了既定的目标，按期按质地实现了竣工交付，本节就项目完成的状态和特殊动力工艺系统最终的成品作简要展示。

一、项目竣工完成状态展示

该项目2017年3月10日开始桩基础施工；2017年9月15日芯片厂房封顶，开始钢屋架吊装；2017年11月15日开始机电系统的设备安装；2018年4月14日一期核心洁净生产区进入4级洁净度管控；2018年5月底核心洁净生产区温湿度达到设计要求，完成验收；同月相关配套建筑、机电系统及特殊动力工艺系统投用；2018年12月全项目基本完工。项目整体实景如图4-20所示。

图4-20　项目整体实景

二、华夫板

作为芯片厂房的特殊结构，华夫板的施工体现了芯片厂房的施工难度，图4-21为芯片厂房华夫板环氧完成状态。

图4-21　芯片厂房华夫板部分实景

三、核心洁净生产区

图4-22所展示的是70 000平方米100级核心洁净生产区，含2 500平方米1级洁净区，全部为黄光区，全部区域均可灵活布置机台。净空高度（小车下距架空地板）4.9米，架空地板下预留高度达900—1 200毫米。除机台规划区为实心面板外，架空地板其余区域全部为多孔面板，以配合华夫板实现气流回风。

图4-22　核心洁净生产区部分实景

四、特殊动力工艺系统

本项目的特殊动力工艺系统包括工艺排风系统、真空系统、冷却水系统，大宗气体供应系统、特气供应系统、化学品供应系统、超纯水系统、废水处理系统等，项目完成情况展示如下：

工艺排风系统

包括碱性废气排风处理系统14套，酸性废气排风处理系统27套，砷烷废气排风处理系统（砷烷三级吸附后排除其中的酸性废气）3套，有机废气排风处理系统9套，一般排风系统24套（图4-23）。

冷却水系统

本项目施工中有冷却水系统12套，其主要设备换热机组如图4-24所示。

图4-23　工艺排风系统部分实景

图4-24　工艺冷却水系统部分实景

大宗气体供应系统

本项目建有大宗气站，由气站供向建筑内使用点供气（图4-25）。

图4-25 大宗气体站部分实景

特气供应系统

本项目共有81套特殊气体供应系统为芯片制造工艺提供51种特殊气体（图4-26）。

图4-26 特气工艺系统

化学品供应系统

本项目共有55套化学品系统为芯片制造工艺提供47种化学品（图4-27）。

图4-27　化学品供应系统

超纯水系统

本项目超纯水系统可供应冷超纯水1 080立方米/每小时，热超纯水288立方米/每小时（图4-28）。

图4-28　超纯水系统部分实景

废水处理系统

本项目的废水处理系统处理量为1 460立方米/每小时；含氟废水处理系统的处理量为230立方米/每小时；研磨废水处理系统处理量为90立方米/每小时；含铜废水处理系统处理量为37.5立方米/每小时；含氨废水处理系统处理量为132立方米/每小时（图4-29）。

图4-29　废水处理系统部分实景

冷温水系统

冷温水系统设在动力站二层，可向芯片厂房提供5—13℃的低温水（图4-30）、12℃—17.5℃的中低温水及31℃—38℃的温水（图4-31）。

热水系统

工厂用70℃—90℃热水由设于动力站一楼的燃气燃油锅炉房提供（图4-32）。

图4-30　低温水系统实景

图4-31　中温水处理系统

图4-32 锅炉实景图

第五章　特殊技术

　　不同于一般的结构楼板，芯片厂房在结构方面的主要特点是核心洁净生产区的楼板采用华夫板，同时，还必须在指定的区域采取特殊的施工工艺以达到微抗振的要求。

　　由于芯片制造厂房建设涉及专业众多，各专业协调和管理十分重要，在芯片制造厂房建设中，BIM正向设计可以比较好地整合各专业，减少了施工中可能产生的碰撞问题，有效提高建设质量。

　　本章以华夫板和BIM正向设计为例，阐述芯片制造厂房建设中的一些特殊技术。

第一节　华夫板

　　一般的工业建筑的楼板不会采用华夫板结构（图4-21），华夫板是芯片制造厂房建设中最为特殊的结构设计，它与核心洁净生产区的新风系统及工艺机台的二次配管密切相关，不仅可以较好地解决如新风系统和工艺机台的动力问题，而且可以有效提升这些系统的效能。由于华夫板的特殊性给现场施工提出了新的挑战，本节重点阐述华夫板需要解决的困难以及相应的措施，从施工全过程控制实现华夫板的施工质量管理。

一、华夫板的作用

　　芯片厂房中的核心洁净生产区都具有高洁净度、抗微振、单体建筑体量大、工期要求紧、楼面平整度要求高等特殊要求。华夫板可以为核心洁净生产区提供无尘的结构基础层，保证核心洁净生产区气流通畅，并为下夹层的机电管线与工艺机台的连接提供动力通道，同时满足核心洁净生产区抗微振的要求。

二、华夫板的施工难点

　　华夫板结构的施工难度很高，主要体现在楼面板华夫筒孔圆洞直径必须相同（或各区域相同）、排列必须均匀、数量多、格构梁间距小、楼板厚度大、钢筋绑扎难度较高，同时还要求平整度达到2 m×2 m，误差不超过2 mm，且表面光滑度满足相关标准。

三、华夫筒

　　作为华夫板结构中的主要框架，华夫筒至关重要。常见的华夫筒有两种材质，一种是玻璃钢模壳华夫筒，另一种为镀锌钢板模壳华夫筒。

　　从施工进度要求方面考量，若采用玻璃钢模壳华夫筒，因生产工艺限制，现有模具无法做出上下直径完全一致的产品，且开模周期长达60天，开模后每套模具每天的产量约为250 m²，无法满足施工进度要求；若采用镀锌钢板模壳华夫筒，则必须先安置华夫筒，再布置钢筋，钢筋绑扎将会非常困难，相关工序时长将大大超过计划工期。

从环保要求方面考量，玻璃钢模壳华夫筒在相对高温环境下会释放出一定量的有毒有害气体，将满足相关环保认证要求；而镀锌钢板模壳华夫筒则因其为镀锌钢板制作成，材料成分相对稳定，不受温度影响。

从施工工艺方面考量，项目所需的华夫筒直径为400 mm，高度为800 mm，对于镀锌钢板模壳华夫筒而言，开模时间仅需要3—5天，而且可以在预留华夫筒布置位的基础上先绑扎钢筋，后安装镀锌钢板模壳华夫筒，满足工艺、工期和环保三方面的要求。

从成本控制方面考量，镀锌钢板模壳华夫筒的单位面积成本上玻璃钢模壳华夫筒相对低一些。

基于上述考量，本项目施工中的华夫筒采用镀锌钢板模壳华夫筒。

本项目施工中华夫板预留的华夫筒孔间距为600 mm,各华夫筒之前间均匀布置200 mm×800 mm的密肋梁，上下总高度达800 mm，田字形布置现场工况复杂，无法采用传统的施工方式进行密肋梁的钢筋绑扎（图5-1）。针对该项目的密肋梁钢筋绑扎，现场采用纵横向按跨度架空绑扎施工：绑扎前先安置华夫筒的下盖，然后绑扎主梁钢筋，次梁筋架空并在后续逐根绑扎，完毕后落放入预留的华夫筒孔位。同一方向的梁全部完成后用相同方法绑扎另一方向的

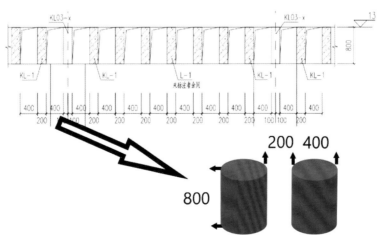

图5-1　华夫筒分布示意图

梁。因纵横梁绑扎需要穿主筋，所以腰筋暂时不绑扎，等梁绑扎就位后再穿腰筋绑扎（图5-2）。

图5-2　钢筋绑扎

　　由于激光整平机比较重，对下部支撑系统和楼面平整度都有一定影响，在平整过程中若碰到华夫筒则可能造成筒身偏移甚至损坏，因此必须采用人工平整工艺。平整过程分粗平和精平两个阶段。粗平采木抹子将骨料摊铺均匀，在低于控制标高及筒顶20 mm的水平面上抹平，再用木抹子拍浆，完成后剔除表面骨料。精平时先采用2 m刮尺以华夫筒筒顶边缘标高为基准进行顺平，操作时随时检查标高情况，再用打磨机磨平成预留3 mm左右磨损量的平面。

　　因后续工序要求，华夫板表面需要采用原浆压光一次成型工艺。若采用人工磨光则磨光效果不佳且施工速度慢。因华夫筒筒面与混凝土表面平齐，且筒体间距仅为200 mm，因此当混凝土位于临界初凝期时，首先使用磨光机对大面积混凝土面进行磨光，此时混凝土有了硬度，表面较容易磨出光泽。其次，因为受华夫筒筒面影响，筒间混凝土面的机械磨光效果并不理想，此时采用人工磨光。施工人员均在华夫筒筒面上施工，避免破坏前期机械打磨的成果。此时混凝土面经过机械打磨已经非常平整，且已经有了一定硬度，施工人员参照筒面，仅以筒与筒之间的小面积混凝土面为作业对象，完全能满足磨光效果及平整度的要求。

四、华夫板的施工工序

华夫板施工施工工艺流程

　　华夫板施工从钢筋绑扎开始，到筒体安装，然后华夫板混凝土浇筑及混凝土养护，基层打磨，水基环氧面层施工，施工工艺重点在筒体定位和筒体固定防偏移。在钢筋绑扎阶段，以华夫筒基座为核心布置周边密肋梁，要求位置的精准性；在混凝土施工阶段，必须保证混凝土浇筑的连续性，不得形成混凝土冷缝，且不得因震动形成筒体位置偏移。混凝土的冷缝会对华夫板的结构抗微振性能造成不可逆的损害。

华夫板施工工艺流程见图5-3。

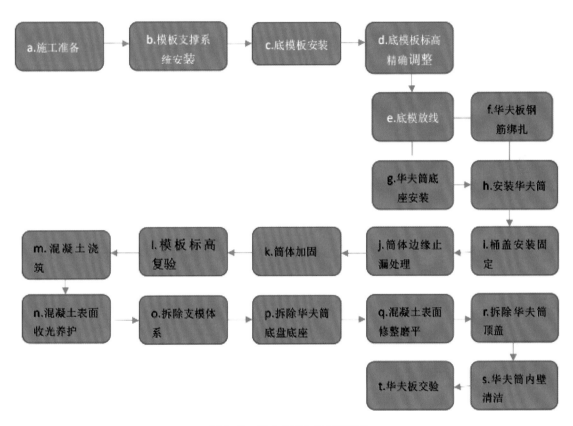

图5-3　华夫板施工工艺流程

主要的操作流程及其要点

● 施工准备

施工前先组织相关人员熟悉设计图纸，掌握图纸设计中的各项材质、构件尺寸和细部构造。

华夫板结构一般属于高大模板，模板支撑体系搭设前，需要编制专项施工方案，进行专家论证，完善专项施工方案。

组织相关人员对相关施工责任人进行图纸、施工方案、安全技术交底，让施工人员了解工作内容及操作要点。

华夫板模板进场后，项目部配合厂家卸车，将模板集中堆放在指定场地内。堆场地坪作法：挖机挖除表面虚土，压实后在地基上铺设碎石，其上浇筑厚混凝土，再以水泥砂浆向外找坡。

- 华夫板模板支撑系统搭设

根据上部结构的荷载，经验算，本项目所用的华夫板模板体系为高大模板，需采用碗扣式满堂脚手架。脚手架的设计、构造、注意事项等严格执行按照脚手架相关标准。

施工人员搭设支模架，搭设前对施工人员进行技术交底。

搭设支模架前，在施工地面上弹线确定纵横向立杆的位置，按确定的位置进行搭设，搭设时立杆底部均设置垫木，以确保立杆不因上部搭设过程而发生倾斜或虚落，同时也避免因立杆未落实造成的下沉。

安置主龙骨和次龙骨，主、次龙骨木方应刨平直。

搭设最上端水平杆，使用水准仪检查控制其搭设标高，做好第一步控制，以减少模板铺设后再调节水平杆的返工量。

为防止木方架空影响华夫板的平整度，主次龙骨铺设放完毕后必须检查其标高和平整度，符合要求后再铺设木模板。

- 底模板安装

底模板采用15 mm厚覆面木模板全覆盖拼装。在铺覆面木模板前必须使用水准仪对最上端水平杆做平整度的校核。

平板模与柱模转角的拼缝应用胶带封闭，以防砼浆外溢；板柱模板交接处，板模下部木方必须伸至柱模边，避免局部板模因支撑刚度不足引起拼缝密封破裂漏浆。

覆面木模板铺设完成后必须用水准仪检查模板平整度，确保整体平整度偏差小于2 mm。

铺设模板完成后，应清理表面，不得有钉子、废弃物或混凝土渣等。

- 施工放线、安放底座

使用经纬仪将轴线控制线引至木模板面，并再次进行复核，确保误差小于2 mm。施工过程中采用拉十字交叉线和水准仪"双控"的方法来保证模板的平整度，以达到2 m×2 m误差不超过2 mm的要求。根据控制线以每4.8 m×4.8 m为间距放出纵横轴线。

根据纵横轴线安置华夫筒的位置中心的十字定位线。确定主梁线及华夫筒十字定位线后，根据十字定位线安装华夫筒定位底盘。

按照华夫筒中心位置将定位底盘用自攻螺钉固定在底模板上。底盘应与底模板安装牢固，检查是否出现松动，若发现有松动的现象应拆除，拆除时将底盘在原来的螺纹上旋转，避免底盘螺纹损伤，取出后再重新用自攻螺钉固定在底模板上，直至无松动。

- 密肋梁钢筋绑扎

钢筋不应集中堆放，并应垫置木方，吊运过程中应缓慢放下并避免损坏模板。

进行电焊作业前安装防护挡板，防止火花溅到模板上。

保护华夫筒盖板并保证预留位的清洁度。

钢筋绑扎前应复核模板板面标高及梁位置，避免后期出现问题。

钢筋绑扎过程中严禁破坏筒模定位底盘，不得踩踏，尤其要保证其位置准确，不得发生位移。

- 华夫筒筒体及附件安装固定

钢筋位置校核无误后，检查华夫筒筒体有无损坏及变形，将筒体套在下盖上，将安装螺杆与底盘拧紧，再安装上盖，将螺母拧紧，使华夫筒固定在底模板上。

在安装过程中，应对华夫筒逐个进行检查，即安装完一个，检查合格后，再安装下一个。因为华夫筒筒壁本身强度就较低，在尚未与底座与上盖连成一个整体时强度更低，容易发生破损或变形。

将华夫筒筒体与底座的缝隙要用防水腻子封堵，将华夫筒筒体与上盖的缝隙要用胶带封堵，严防漏浆。腻子一定要封堵严密，无开裂；胶带一定要封堵牢固密实，没有外边翻起等现象。

采用靠尺、塞尺及水平尺复核华夫筒顶面标高，并采用精密水准仪进行抽检复查，调整并保证华夫筒顶面标高平整度在 2 m×2 m 的单位范围内的误差小于 2 mm。

● 华夫筒本体防倾斜措施
  华夫筒本体安装完成后，若仍然发现筒体在施工人员活动时出现倾斜、松动等现象，为防止浇筑砼过程中华夫筒因松动而发生倾斜，应采用在筒体顶盖上增加交叉钢矩管的加固措施，钢矩管紧紧压住筒体顶盖并固定在格构梁主钢筋上，利用格构梁钢筋的自重压住筒体，防止华夫筒在浇筑砼过程中倾斜（图5-4）。

图5-4　华夫筒施工及放倾斜

● 混凝土浇筑
  泵管应尽量布置在主梁上，并在泵管下铺设橡胶缓冲物，防止泵管碰撞、损坏华夫筒筒体，造成筒体变形报废；浇筑混凝土前需用木方、架管等将泵管固定，减少泵管在浇筑时因晃动对华夫筒产生影响；出料口垂直对准华夫筒之间的间隙，不得斜对华夫筒筒体，以免造成筒体偏移、上浮或破坏（图5-5）。

图5-5　混凝土浇筑施工

因本项目的华夫板厚度达800 mm，为了增强支撑架的整体稳定性，先进行柱体的混凝土浇筑，并将支撑架和已浇筑完成的柱体进行连接，增加整体稳定性，确保支撑架安全。混凝土浇筑时采取全面分层浇筑、分层捣实的浇筑工艺，同时明确混凝土上下层覆盖的时间间隔不得大于混凝土初凝时间，避免造成施工缝。

浇筑混凝土分层厚度应控制在300 mm左右，坍落度为160—180 mm。混凝土振捣时，由于泵送混凝土流动性大，应控制好浇筑厚度及振捣后的坡度。振捣时应做到振捣机"快插慢拔"，要求浇上层混凝土时，需插入下层混凝土内至少10 mm，使上下层混凝土紧密结合。振捣机振捣过程中不得接触到华夫筒，华夫筒周边区域的混凝土应采用人工振捣。振捣机在每一位置振捣的持续时间应以拌和物停止下沉不再冒气泡并泛出水泥砂浆为准，不宜过度振捣。

混凝土浇筑前将标高控制点设置在4.8 m×4.8 m的柱主筋上，控制整体平整度；另外根据筒盖面控制混凝土面标高，因为华夫筒筒高与华夫板同厚，应将混凝土浇筑至与华夫筒筒盖面平齐并控制平整度。混凝土下料振捣和粗平时以华夫筒筒面标高作为施工参照面。混凝土浇筑高于筒面3 mm作为沉实和泌水的厚度损失。精确找平磨光时参照柱上标高控制点和华夫板盖板面标高。模板施工与交接验收中已反复控制标高平整度，确保满足表面平整度小于2 mm的要求。

养护：本项目的华夫板虽厚达800 mm，但由于存在圆筒结构，有利于内部散热，故可以不进行大体积混凝土水化热控制；约4—6小时后，在磨光完成表面上可以上人后，将楼板浇湿并覆盖一层保湿层进行养护。

- 华夫筒内壁清洁

  养护工作完成后，即可对华夫筒内壁进行清理，采用人工清理的方式。施工人员可以使用土工布等柔软材料对流入筒内的浆液进行清理，清理完成后及时将华夫筒筒盖盖上。

- 支撑架及模板拆除

  支撑架承重杆件及模板待混凝土强度达到100%后方可拆除，模板拆除时按照"先支后拆、后支先拆"的原则进行作业。

  模板拆除时应清理局部的漏浆和污染，拆除过程中不能损伤或划伤华夫板表面，最后拆除华夫板的保护膜。

  华夫板表面孔洞密布，应做好必要的安全围护后再揭除筒体盖板，并修整筒口局部混凝土毛刺。

五、质量控制

华夫筒的规格要求详见表5-1。

表5-1 华夫筒的规格

项　　　目	规　格　要　求
筒上口内径/mm	±1
筒上口外径/mm	±2.5
筒下口外径/mm	±5，可固定在底座上
上下口平整度/mm	目视无变形

项　　目	规　格　要　求
角度/°	16±2
上边缘宽度/mm	8±1
螺杆长度/mm	±2
含锌量/（g/m²）	不小于80（三点平均值）
不导电粉体涂装（内壁）厚度/um	≥ 45 um，（三点平均值） 表面平滑均匀、无刮伤、不积灰、不积油
耐酸碱性（内壁）	漆膜无气泡、起皱、开裂、脱落现象
烤漆附着力	2级及以上
筒身抗拉强度/MPa	＞ 300 MPa
筒盖抗压强度/（kg/cm²）	6
包装	筒身内侧PVC膜防护

钢筋工程的质量控制措施

钢筋的品种和质量必须符合设计要求和有关标准的规定。

钢筋表面应保持清洁，钢筋的规格、形状、尺寸、数量、锚固长度、接头设置必须符合设计要求和施工规范。钢筋机械连接接头性能必须符合钢筋施工及验收要求。钢筋在大面积施焊前，均应进行焊接工艺试验，合格后才可施焊。箍筋的间距数量应符合设计要求，弯钩角度为135°，弯钩平直长度保证不小于10 d（GB50666—2011混凝土结构工程施工规范）具体解释一下该参数的来源，如哪个国标规定的。为了防止墙、柱钢筋位移，在振捣砼时严禁碰动钢筋，浇筑砼前检查钢筋位置是否正确，设置定位箍以保证钢筋的稳定性、垂直度。砼浇筑时设专人看护钢筋，一旦发现偏位及时纠正。钢筋保护层垫块间距根据钢筋的直径、长度随时做调整，确保保护层厚度满足设计要求。

混凝土工程的质量控制措施

混凝土所用水泥、骨料、水、掺合料、外加剂的质量必须符合有关规定（GB 50666—

2011混凝土结构工程施工规范），水泥、掺合料、外加剂应具备相应的准用证和复试报告，外加剂还应有产品说明书。商品混凝土必须具有混凝土配合比报告和质量合格证。商品混凝土必须在现场进行坍落度检测，并做好检测记录，实测的混凝土坍落度与配合比要求的坍落度之间的偏差不得超过20 mm。混凝土必须按照混凝土施工规范的规定留置试块并进行标准养护和试验，按照规范要求进行的混凝土强度统计评定，结果必须符合设计和规范要求，有抗渗要求的混凝土还必须进行抗渗试验，符合要求后才可用于施工。

华夫板作为芯片制造厂房最为重要的结构，其施工需要重点关注华夫筒产品的选择以及钢筋混凝土的施工，务必在施工前就这两方面要共同考虑并做好计划以及论证，确保施工的可行性并且使施工的成品达到设计和生产工艺的要求。本项目华夫板的施工成品如图5-6所示。

图5-6　华夫板的施工成品

第二节　抗微振

一、抗微振的作用及意义

晶圆半导体是非常精密的材料，以纳米为计量单位，在机台运转生产过程中对振动尤为敏感，一旦出现振动，哪怕非常微小的振动甚至如人走动、周边车辆行驶等都有可能导致机台运行出现偏差，从而造成良品率下降，甚至可能导致光刻机曝光出现错误，造成芯片的短路和断路。因此，建设芯片制造厂房时，抗微振是一项极为重要的指标。由于涉及厂房结构、设备基础及管道布局和施工工艺及质量标准，若不采取技术保障措施，后期将无法改进厂房的抗微振指标。因此，芯片制造厂房建设需要从项目设计开始就需要综合考虑，同时在施工过程中对核心洁净生产区的主体结构、抗微振基座平台、混凝土浇筑、管道抗振支架安装等各方面严格要求，做好隔振与抗振措施。

二、抗微振的设计标准及要求

根据 GB 50472—2008《电子工业洁净厂房设计规范》的要求，以及表 5–2 中 VC 系列标准，本项目抗微振等级为 VC–D 以上的振动规格（4.7×10^{-4} cm/s），是相当较高的抗微振要求。

GB 50472—2008《电子工业洁净厂房设计规范》中对于 VC 系列的要求描述如下：

关于环境振动对精密设备的影响，IEST–RP–CC12.2 给出了通用的评价防微标准 VC 标准，VC 标准的形式为一组 1/3 倍频程带宽速度谱，共分为 7 个等级。其中 2—8 Hz 是以加速度控制，8 Hz 以上是速度控制。具体见表 1（即表 5–2）。按照速度值从大到小依次为 VC–A/B/C/D/E/F/G。设定这一标准的目的，是为了给振动敏感设备和一期的支撑结构的设计提供标准，对于某种用于安装精密设备或仪器的地基，所测得的 1/3 倍频程速度谱曲线的所有频点必须落在标准曲线之下，表明该支撑结构满足设备运行要求。

表 5-2　VC 系列标准

控 制 标 准		类　　别	
		水平方向	垂直方向
VC-A	2—8 Hz	<0.25 gal	<0.25 gal
	8—250 Hz	<50 μm/s	<50 μm/s
VC-B	2—8 Hz	<0.125 gal	<0.125 gal
	8—250 Hz	<25 μm/s	<25 μm/s
VC-C	2—8 Hz	<0.062 5 gal	<0.062 5 gal
	8—250 Hz	<12.5 μm/s	<12.5 μm/s
VC-D	2—8 Hz	<0.03 gal	<0.03 gal
	8—250 Hz	<6.25 μm/s	<6.25 μm/s
VC-E	2—8 Hz	<0.015 gal	<0.015 gal
	8—250 Hz	<3.1 μm/s	<3.1 μm/s
VC-F	2—8 Hz	<0.007 5 gal	<0.007 5 gal
	8—250 Hz	<1.5 μm/s	<1.5 μm/s
VC-G	2—8 Hz	<0.003 25 gal	<0.003 25 gal
	8—250 Hz	<0.75 μm/s	<0.75 μm/s

针对建筑结构的微振动测试，主要参考IES-RP-0241.1（*Measuring and Reporting Vibration in Microelectronics Facilities*）

三、抗微振的技术难点及解决办法

一般来讲，抗微振应从设计初期考虑，从建筑结构本身、抗微振基座平台、管道的抗微振处理等各方面进行统筹，同时在施工中严格把控施工质量，尤其是结构混凝土浇筑的质量。

建筑结构方面

若华夫板结构在施工时出现混凝土冷缝，将会对建筑结构的抗微振功能造成不可逆的损害。这就要求华夫板施工时从施工工序、混凝土供应、混凝土泵布置位置、混凝土浇筑与接口时间控制，甚至混凝土的温差控制都需要制定详细的施工方案及人员和材料组织方案，并全过程在受控状态下完成。

抗微振基座平台

抗微振标准中要求精密设备下的抗微振基座平台的顶面标高同邻近架空地板的板面标高一致，并要求抗微振基座平台固定于其下的钢筋砼梁上，基台的位置由精密设备的位置确定。在设备的安装和运行过程中，应满足基台本身及其与主体结构的连接安全并满足设备清单中各精密设备的抗微振要求。本项目中的工艺设备抗微振基座平台在投入使用后（动力、工艺等设备运行和人员走动等振源以及基台上设备运行产生的扰动力干扰下）垂直和水平方向的抗微振要求均必须达到VC–D以上（$4.7×10^{-4}$ cm/s）。

管道（风管）支架

生产晶圆半导体的核心洁净生产区中有大量的各种管道及新风系统的风管，在运行中不能避免地产生振动，但一般的公用管道支架并不能抗微振。这就需要对不同管径及形式的管道采取单独的抗微振处理。本项目中采用的抗微振方法是采用成品的抗振支吊架系统，或者采用单独的管道减振器。此类抗微振设施均可在市场上直接采购。

四、VC–D抗微振基础测试及启动

对每个精密设备抗微振基座平台均应进行检测，检测结果应满足生产工艺的要求。现场检测后应向业主提交检测报告并经业主认可。该报告必须包含：微振量检测结果、抗微振基座平台性能评估（刚度、自然频率传递率等）。同时，抗微振基座平台施工及检测后还应逐个进行测量，地面一点基座平台面一点（X轴向、Y轴向、Z轴向），做同步连续测量，保证验收测试合格。量测仪器的精度须具备第三方公正单位校验证明并在校验有效日期内。

第三节　全过程 BIM 正向设计技术

BIM（建筑信息模型）正向设计技术是一种广泛应用于工程设计、建造、管理的数据化工具，通过参数模型整合各种项目的相关信息，在项目策划、设计、施工以及运行和维护的全生命周期过程中进行共享和传递，使工程技术人员对各种建筑信息作出正确理解和高效应对，为整个项目建设团队以及建筑运营单位提供协同工作的基础，在提高生产效率、节约成本和缩短工期方面发挥着重要作用。

BIM 正向设计技术对建筑行业产生了变革，但是不会改变建筑行业的工程本质。只有将 BIM 技术与工程行业的技术与规律紧密结合在一起，并对传统的流程及管理方法进行一定的革新，才能产生理想的实践成果。因此，选择有丰富工程经验的 BIM 团队对 BIM 正向设计技术在项目上的实际应用显得尤其关键。以下重点阐述 BIM 正向设计技术在招标、深化图和施工方面的应用。

一、BIM 在招标中的应用

在招标阶段，通过 BIM 正向设计技术输出工程模型，可以迅速给施工单位介绍项目的工作范围、工程难度、施工目标以及其他相关要求。同样，施工单位也可以通过 BIM 正向设计技术输出的工程模型展示其技术方案来应标。在招标中，通过 BIM 正向设计技术输出的工程模型可以直观且迅速地核算出主要的工程量，由于与招标各方做好商务方案，使招标工作顺利、高质量地开展。

二、BIM 在深化图中的应用

BIM 正向设计技术在深化图中的重难点和解决方法

如表 5-3 所梳理的情况，在吊顶区域管线综合深化设计中，机电管线比如暖通风管，消防给水管道，电缆桥架，弱电线管，以及大型设备支吊架与吊顶龙骨的排布及碰撞是设计需要提前考虑的重点和难点，如不采用BIM进行统筹提前预判，肯定会在各专业交叉施工过程中造成抢位及交叉碰撞，造成大量返工。针对这些问题，本项目提前与暖通，消防，装修，电气，设备等各专业进行协调，把各专业的BIM设计汇总整合成全区域BIM设计，并提前给各专业规划各管线标高、走向及预留位置，避免后续的返工。

在非吊顶区域管线综合深化设计中，各专业管线的位置，走向及预留预埋以及长输送管道如消防管及冷热水管道的变形控制是施工控制的难点，通过BIM设计的预判及碰撞检测，可以有效的提前安排各管线布置及预留变形段。

在设备机房及机电管井中，设备、管道、管线、电气桥架等交错集中布置，而且空间狭小，相互卡位、碰撞问题尤为突出，针对此难点，通过BIM设计的提前整合，规划，预判，可以优化设备安装位置，更有效安排各专业施工顺序，避免上述问题出现，节省工期及返工造成的费用损失。

表5-3 深化设计的重点难点及其解决办法

序号	部位（系统）	重 点 及 难 点	解 决 办 法
1	吊顶区域管线综合深化设计	1 吊顶内机电主管线综合布置； 2 无压管道（如冷凝水）与设备安装位置协调； 3 大型设备支吊架与吊顶龙骨位置； 4 检修口合理化设置。	1 积极与设计及装修单位协调，避开装修主龙骨及设备位置，合理布置机电管线； 2 优化无压管道的走向，积极与装修单位的沟通，为无压管道与安装设备预留足够的空间； 3 将需要单独设置支架的大型设备的具体位置提前告知设计及相关施工单位，以便进行预留； 4 在满足检修口设备维修需要的前提下尽量满足装修要求。
2	非吊顶区域管线综合深化设计	1 马上需配合现场结构施工进行预留预埋； 2 观感要求； 3 长距离输送管线的变形控制；	1 迅速熟悉图纸，并加强与设计等相关单位沟通协调，合理布置主干管线，绘制预留预埋图纸，配合结构施工； 2 各类管线进行合理布置，管线标识进行统一规划设计； 3 按照设计参数计算管道变形量确定设置伸缩节，伸缩节两端设置固定及滑动支架，固定支架需进行专门设计。
3	设备机房深化设计	1 设备、管线综合布置； 2 维修空间预留； 3 噪声控制； 4 设备运输路线规划； 5 观感要求。	1 根据系统工艺流程，合理布置各类设备及管线； 2 向生产厂家确定各设备的维修所需空间位置及尺寸； 3 委托专业厂家对设备机房噪声控制方案进行深化设计； 4 绘制设备运输路线图，提出建筑、结构等专业配合要求； 5 各类设备及管线进行合理布置，标识进行统一规划设计。
4	机电管井深化设计	1 空间狭小管线密集；支架设置难度大； 2 管内阀件的安装及操作空间紧张； 3 管井内立管连通支管影响立管布置方案。	1 采用三维软件建模，优化设备安装位置，确定施工次序； 2 合理布置阀件位置及预留操作门孔； 3 合理布置立管，使立管间的连通管及阀组有合理的安装及检修空间。

BIM正向设计技术在深化图阶段的主要工作和重点

在设计阶段前期的主要工作包括熟悉机电、建筑、结构专业图及各专业系统，与设计院沟通协调设计意图和管线安装空间情况；和技术团队明确设备安装方式、安装空间、维修空间、接口方式，分类整理，为设备采购提供技术支持；与装修单位专业确定各区域中吊顶标高、吊顶和墙体的装修材质及安装方法，为深化设计主管线及预埋管调整做准备；优先地下室机电综合图的深化设计工作，与业主、设计、管理公司和监理等单位协调，完成地下室机电综合图深化设计和预留管线图的绘制及审批，以不影响结构专业的施工进度。

在深化设计中期的主要工作包括确定管线的平面及空间位置，绘制机电综合图、管井详图、设备运输路线图、设备基础布置图、设备机房安装大样图、公共支架大样图、综合土建提资图（包括预留孔洞图和基础图）；协调管理各专业分包商进行深化设计，本工程专业系统众多，如供电承包商、弱电承包商、楼宇自控承包商、电梯及升降机承包商、纯废水承包商、发电机承包商、精装修承包商等。对各专业设备的安装空间进行预留，各专业管线进行合理的避让；明确主要装置及设备用电负荷、设备负荷、外形尺寸、性能表现、表面处理、接口连接方案、接口协议、安装方式、安装位置等。

在深化设计后期的主要工作包括根据精装专业已经批准的装饰图纸微调机电支管管线进行；完成天花综合布置图及机电二次配管图。如灯具、风口、喷头、FFU等调整及规划布置维修口位置；竣工图的整理和归档结合现场实际情况，组织各专业绘制竣工图。按照GB/T 50328—2001《建设工程文件归档整理规范》及省、市相关部门的有关规定，整理竣工图图纸并归档。

三、BIM正向设计技术在施工中应用

BIM正向设计技术在施工中可以覆盖多个应用场景，如3D协调/管线综合、支持深化设计、场地使用规划、施工系统设计、施工进度模拟、施工组织模拟、施工质量与进度监控等，在本项目的施工中，主要应用BIM正向设计技术开展了碰撞综合协调和施工方案分析，取得了良好的应用效果。

碰撞综合协调

在施工开始前利用BIM正向设计技术输出工程模型，通过此可视化的模型对各个专业（建筑、结构、给排水、机电、消防、电梯等）的设计进行空间协调，检查各个专业的工程设施设备之间的碰撞以及干涉情况。如发现碰撞或干涉可及时进行调整，这样就较好地规避了施工中因碰撞或干涉而返工或变更设计的风险。

动力站公共管架及机电管线的布置非常复杂，传统的施工管线综合布置精度不够，经常出现"空间布局看似宽松，实际施工管线干涉"的现象，而采用BIM正向设计技术则可以很好地解决管道的综合布置问题，提高施工质量，节省施工成本（图5-7）。

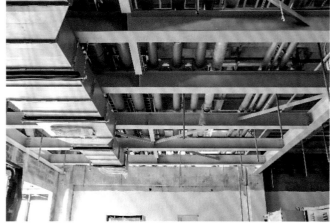

图5-7　动力站公共管架及机电管线的BIM工程模型与实景对比

动力站冷水机组的管道和阀门系统同样存在着空间管理和预制的问题，传统施工方案为现场测量并配料和安装，无法较好地适应工期和成本要求，而通过BIM正向设计技术输出工程模型后，可实现提前预制管道和阀门系统，施工中直接按模型焊接安装的施工方案，提高了施工质量，缩短了施工工期（图5-8）。

管廊顶部公共管架及机电管线也是管线综合布置的难点，经常发生碰撞、干涉和不满足设计标高等情况，采用了BIM正向设计技术后，有效地解决了类似的问题（图5-9）。

图5-8　动力站冷水机组的管道和阀门系统的BIM工程模型与实景对比

图5-9　管廊顶部公共管架及机电管线的BIM工程模型与实景对比

施工方案分析

通过BIM正向设计技术输出工程模型，可对施工计划和施工方案进行分析模拟，充分利用空间，整合有限资源，消除工程冲突，得到最优化的施工计划和方案。特别是对于新形式、新结构、新工艺和复杂节点，可以充分利用BIM正向设计技术的参数化和可视化特性对节点进行施工流程、结构拆解、配套工器具等要素的模拟分析，有效改善施工方案的便捷性，达到降低成本、缩短工期、减少错误的目的。

冷却塔一般都布置于建筑的屋顶，由混凝土基础和钢结构支撑，冷却塔在施工中涉及本体、机电系统、管道系统以及屋面穿孔和防水等，施工人员可以在BIM正向设计技术输出的工程模型上整体规划施工工序，综合考虑材料堆放、屋面穿孔、防水保护等施工要点，提高施工效率和施工质量（图5-10）。

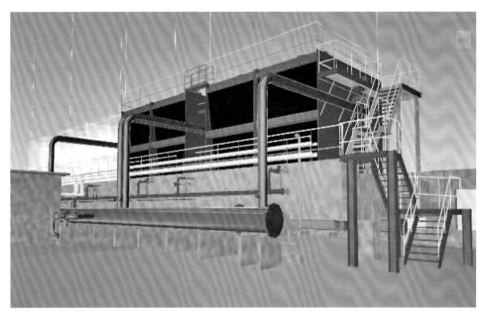

图5-10　冷却塔的BIM工程模型与实景对比

在配电室的电路管线错综复杂且综合布置的精度要求非常高，BIM正向设计技术输出的工程模型，可指导施工人员合理规划施工工序，提前预制管架，根据工程模型开展电缆埋设、接线、调试、通电试运行等重要节点的施工管理，提高了施工质量和安全水平（图5-11）。

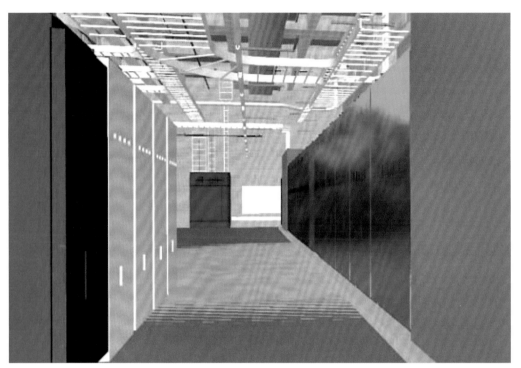

图5-11 配电室的BIM工程模型与实景对比

第六章 优质专业供应商和设备厂商

　　基于芯片制造厂房设备复杂和精密的特点，对供应机台的动力系统、厂房清洁度等有着严苛的要求，在芯片制造厂房建设项目的设计工作完成后，有必要邀请优质的专业供应商与设计人员在此进行具体沟通，以便确定相关工程和设施、设备的技术规格和要求，为后续各包的招投标打下坚实的基础。

　　本章节的专业供应商和设备厂商是经过管理公司充分调研、评审、认证的单位，可以供读者和工程管理人员参考选用。

第一节　工艺冷却水系统专业供应商和设备厂商

特灵

特灵是全球领先的室内舒适系统和综合设施解决方案供应商，始终致力于为客户提供高效节能的采暖、通风和制冷空调系统、服务和零配件支持，以及先进的楼宇自控和财务解决方案。

在芯片制造厂房建设项目中，特灵主要为工程提供冷冻机（图6–1）。

图6–1　特灵的设备在工程中的应用实景

约克

约克是一家集水机、组合式空调器、风机盘管、直膨恒温恒湿机、单元式空调机、精密净化空调的销售和安装于一体的系统集成型企业，产品广泛的服务于办公场所、学校、医院、校园、科研实验室等多个行业，并可依据客户工作场景量身定制。

在芯片制造厂房建设项目中，约克主要为工程提供新风机组MAU（图6-2）。

图6-2　约克的设备在工程中的应用实景

阿法拉伐

阿法拉伐是全球领先的换热、分离和流体处理解决方案提供者，核心产品是换热器、离心泵、卧螺离心机、碟片离心机、船用锅炉等。

在芯片制造厂房建设项目中，阿法拉伐主要为工程提供真空泵（图6-3）。

图6-3　阿法拉伐的设备在工程中的应用实景

传特

传特是可拆式板式换热器的专业生产商，拥有广泛焊接式换热器产品的制造商，在板式换热器领域拥有全球领先的设计/生产技术能力。

在芯片制造厂房建设项目中，传特主要为工程提供板式换热器（图6-4）。

中国电子系统工程第四建设有限公司

中国电子系统工程第四建设有限公司可为客户提供包含所有工艺冷却水系统的深化设计、所有设备材料的采购、运输、施工安装、检验、调试、试运行、培训、交付及质保等一站式服务。

在芯片制造厂房建设项目中，中国电子系统工程第四建设有限公司主要为工程提供洁净室装修及调试服务，包括MAU、FFU、DDC等主要设备的安装调试（图6-5）。

图6-4　传特的设备在工程中的应用实景

图6-5　中国电子系统工程第四建设有限公司的设备在工程中的应用实景

第二节　纯水/超纯水系统和废水收集/废液处理系统专业供应商和设备厂商

OVIVO

OVIVO专注于水纯化技术、化学品应用技术和废水处理技术的研发；水纯化设备、化学品应用设备、废水处理设备的设计、制造，并提供安装、调试服务，销售自产产品，并提供相关技术咨询和售后服务。

在芯片制造厂房建设项目中，OVIVO主要为工程提供超纯水系统安装及调试服务，包括阴床阳床、脱气塔、UV灯、罐体、RO膜、超滤膜、仪器仪表等设备（图6-6）。

图6-6　OVIVO的设备在工程中的应用实景

高频科技

高频科技是国内领先的水处理系统专业公司，专注于为集成电路、泛半导体等高端制造业以及轻工领域提供超纯水生产、废水处理、回用与零排放等系统，为用户整合与优化水资源，提供最佳的工业水系统整体解决方案。

在芯片制造厂房建设项目中，高频科技主要为工程提供废水处理系统及相关设备安装调试（图6-7）。

图6-7　高频科技的设备在工程中的应用实景

第三节 化学品供应系统专业供应商和设备厂商

正帆科技

正帆科技是高科技产业厂务系统建设和服务的专业提供商，多年来服务于大规模集成电路芯片、太阳能光伏电池、光纤制造、固体半导体照明和平板显示等高科技行业，为客户提供包括超高纯水、气体、化学品和真空系统在内的关键厂务系统以及相关服务。

在芯片制造厂房建设项目中，正帆科技主要为工程提供化学器柜（图6-8）。

图6-8 正帆科技的设备在工程中的应用实景

Air Liquide

Air Liquide是世界上最大的工业气体和医疗气体以及相关服务的供应商之一，可为客户提供化学品分配系统的设计、采购、运输、施工安装、检验、调试、试运行、培训、交付及质保等全程服务。

在芯片制造厂房建设项目中，Air Liquide主要为工程提供特殊气体系统和化学品系统的安装及调试（图6-9）。

图6-9　Air Liquide 的设备在工程中的应用实景

第四节　大宗气体供应系统专业供应商和设备厂商

KELINGTON

KELINGTON专业从事超高纯工业气体输送系统设计，安装，检测，质量管理和相关业务咨询的独资企业，服务对象主要为半导体制造厂商、液晶显示器制造厂商、光电厂商和配药制造厂商等，服务范围包括大宗气体供应系统的工程设计、采办、承建与测试。

在芯片制造厂房建设项目中，KELINGTON主要为工程提供大宗气体管道安装及调试服务（图6–10）。

图6–10　KELINGTON的设备在工程中的应用实景

第五节　高纯气体的专业供应商和设备厂商

至纯科技

至纯科技致力于为高端先进制造业企业提供高纯工艺系统的解决方案。系统解决方案涵盖了提供整个系统的设计、选型、制造、安装、测试、调试和系统托管服务。

在芯片制造厂房建设项目中，至纯科技主要为工程提供高纯气体（图6-11）。

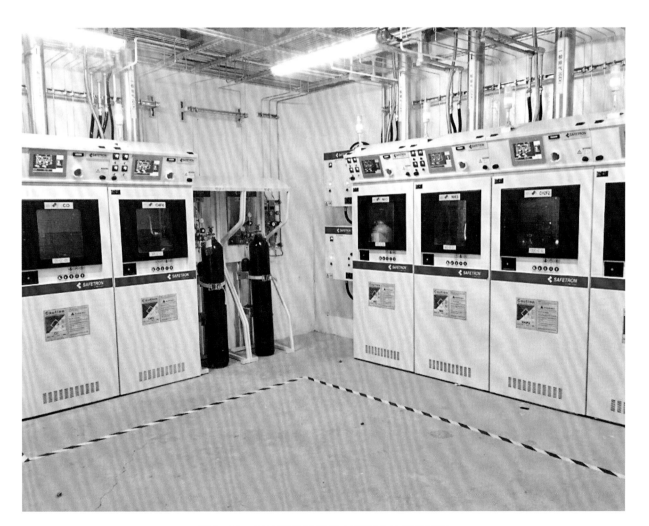

图6-11　至纯科技的设备在工程中的应用实景

第六节 工艺真空系统专业供应商和设备厂商

阿特拉斯·科普柯

阿特拉斯·科普柯在中国销售多种产品，并进行相应的服务和市场开拓业务。这些产品包括空压机、移动式压缩机、发电机、建筑及采矿设备、气动及电动工具和装配系统。阿特拉斯·科普柯在中国大陆拥有7家公司（其中4家是工厂）并有覆盖全国的销售、分销、服务以及维修网络作为其强大的后盾。

在芯片制造厂房建设项目中，阿特拉斯·科普柯主要为工程提供空气压缩系统（图6-12）。

图6-12 阿特拉斯·科普柯的设备在工程中的应用实景

莱宝

莱宝凭借丰富的产品系列和优异的技术能力，已成为全球领先的真空技术供应商之一。自1850年以来，莱宝一直为全球各行各业提供真空泵、真空系统、标准化和定制化的真空解决方案与服务。

在芯片制造厂房建设项目中，莱宝主要为工程提供真空泵（图6-13）。

图6-13　莱宝的设备在工程中的应用实景

Edwards

自1939年成立以来，Edwards一直致力于真空设备的科研、开发、生产、销售，及维修安装服务，公司并拥有国际同类产品制造企业中最为标准化、规范化的流水线制造车间、雄厚的技术力量和完善的售后服务体系。其产品在光伏和led行业应用广泛，也是半导体、平板显示器、太阳能电池、电力、玻璃和其他涂层应用、钢和其他冶金、制药和化学制造过程中不可缺少的一部分。

在芯片制造厂房建设项目中，Edwards主要为工程提供真空泵（图6-14）。

图6-14　Edwards的设备在工程中的应用实景

第七节　压缩空气系统专业供应商和设备厂商

英格索兰

英格索兰的多元化创新产品包括全套压缩空气系统、工具、泵，以及物料和流体处理系统。英格索兰提供的产品、服务与解决方案能够有效提高客户的能效、生产力与运营绩效。

在芯片制造厂房建设项目中，英格索兰主要为工程提供螺杆空压机（图6-15）。

图6-15　英格索兰的设备在工程中的应用实景

寿力

寿力的主要产品包括固定式螺杆压缩机、移动式螺杆压缩机、螺杆真空泵、空气干燥机、精密过滤器、真空泵等，广泛运用于电子、火电、化工、新能源、汽车、纺织、医药等多个行业。公司致力于通过不断创新的技术和实用的设计为各行各业的客户提供全面、稳定、优良的气体解决方案及高效、高质的售后服务。

在芯片制造厂房建设项目中，寿力主要为工程提供固定式螺杆压缩机（图6-16）。

图6-16　寿力的设备在工程中的应用实景

第八节 特氟龙风管专业供应商和设备厂商

点夺

作为工艺排气管道专业生产供应商，点夺拥有同行业优势规模的生产基地，主要产品有镀锌焊接风管、不锈钢焊接风管及不锈钢内衬特氟龙风管。点夺拥有中国大陆第一张特氟龙风管FM认证证书，随着技术的不断创新，现已获得30余项发明专利和实用新型专利。

在芯片制造厂房建设项目中，点夺主要为工程提供不锈钢内衬特氟龙风管（图6–17、图6–18）。

图6–17 点夺的设备在工程中的应用实景（一）

图6-18　点夺的设备在工程中的应用实景（二）

第七章 结 语

    本书从概论、分阶段理论模型、案例和特殊技术分别阐述了芯片制造厂建设项目的管理模型及其应用，希望通过由理论至实践的分析、解释到最终落实的具体过程为读者带来一些帮助和启发。

    本章简要总结基于项目管理知识体系（PMBOK）的芯片制造厂房建设全生命周期管理模型的实际应用效果，分析其局限性，并对芯片制造厂建设的管理和技术展开讨论和展望。

第一节　基于项目管理知识体系（PMBOK）的芯片制造厂房建设全生命周期管理模型的实际应用效果

本书主要介绍了基于项目管理知识体系（PMBOK）的芯片制造厂房建设全生命周期管理模型的四个主要阶段和其具体应用中的多个子模型，其应用场景和解决的问题分别已在第二章和第三章中进行了具体阐述和分解，其具体应用也在第四章和第五章进行了介绍。其中，子模型及其对应的应用场景和解决的问题的梳理情况详见表7-1。

表 7-1　管理模型，应用场景及其解决的问题

1	芯片厂房建设目标和风险模型	全建设周期	明确管理目标　管控重大风险
2	厂房设计提资、设计、施工、和管理逻辑模型	全建设周期	明确业主、设计、施工和管理的责任与边界
3	全生命周期管理模型	全建设周期	明确输入、生产、输出、约束各自主要内容关系
4	参与方合同关系模型	项目前段	明确五方关系、项目目标
5	策划管理模型	策划阶段	解决策划问题
6	设计管理模型	设计阶段	解决设计问题
7	施工管理模型	施工阶段	解决施工问题
8	交付管理模型	交付阶段	解决交付问题
9	采购模型（子模型）	采购阶段	合理有效选择供应商和参与方

基于项目管理知识体系（PMBOK）的芯片制造厂房建设全生命周期管理模型将芯片制造厂房的建设划分为策划、设计、施工和交付四个管理阶段，同时结合建筑项目和芯片产业的相关法律法规、标准确定了五方责任制，系统地论证了各阶段的工作范围、主线目标、主要风险和执行方案，并以各阶段的管理和交付内容为核心对象进行系统的论述、建模，加之典型项目案例进行深入阐述与实际论证，从全生命周期管理的角度出发，全方位地解决厂房建设过程中各阶段的主要问题，从而实现项目整体最优、帮助生产企业提高芯片良品率的最终目标。

经验证，基于项目管理知识体系（PMBOK）的芯片制造厂房建设全生命周期管理模型

可有效提高芯片制造厂房建设过程中的各项管理指标（表7-2）。

表7-2　芯片制造厂房建设管理指标对比

管理数据	未采用模型时	采用模型时	指标率	贡献率	备　注
设计变更	73项	28项	36%	64%	提高设计质量
质量整改项	8 756个	5 325个	61%	39%	提高施工质量39%
项目工期	16个月	15个月	94%	6%	缩短工期6%
结算成本	2.5个结算单位	2.3个结算单位	92%	8%	减少成本8%

　　以上所列举的只是管理指标对比的一部分，在基于项目管理知识体系（PMBOK）的芯片制造厂房建设全生命周期管理模型的实际应用中，还有诸多未能进行量化的管理指标，如各类管理事务的办结效率、沟通成本、纠偏成本等，这些都是基于项目管理知识体系（PMBOK）的芯片制造厂房建设全生命周期管理模型所带来的"无形"或"潜在"的绩效表现，这也充分说明了其在芯片制造厂房项目建设管理过程中的实际价值和应用前景。

第二节 基于项目管理知识体系（PMBOK）的芯片制造厂房建设全生命周期管理模型的局限性

基于项目管理知识体系（PMBOK）的芯片制造厂房建设全生命周期管理模型虽然在理论分析和实际工程应用中都体现了其优异性，但其依然是管理工作中的方法论，模型的深度和覆盖范围应该根据芯片制造厂房建设项目的具体情况和要求进一步拓展。比如，对于一些比较特殊的芯片制造厂房建设项目而言，可能超出了本模型中所划分的四个阶段；有一些芯片制造厂房建设项目的整个过程可能可以划分成五个甚至五个以上的阶段进行管理。

本书提出的基于项目管理知识体系（PMBOK）的芯片制造厂房建设全生命周期管理模型旨在确保芯片制造厂房建设满足芯片生产制造的基本要求，在节能、环保和可持续性发展方面，依然有着更为广阔的发展空间和研究领域。

鉴于芯片制造厂房建设过程中涉及多个专业的分工合作，在数字化、智能化技术飞速发展的今天，其中的专业技术和管理策略必定随着科技的发展而不断更新迭代，本书所述的基于项目管理知识体系（PMBOK）的芯片制造厂房建设全生命周期管理模型也需要随之不断更新和完善，但是其中的管理理念依然具有其长久的生命力和应用价值。

第三节 展望

芯片技术每18个月就会有新的突破，相应的生产机台也将随之不断改进和发展，因而对芯片制造厂房建设的要求也在不断变化和提高，如何根据芯片技术发展的趋势，在设计上预留"未来机台"所需要的结构、空间、动力和环境，避免新一代的工艺和机台与已建芯片制造厂房产生"断档"，将是芯片制造厂房建设和发展的一个很好的课题。

同时，在满足生产的条件下，如何节电、节水等，如何采用清洁能源、环保材料以保证社会的可持续发展也是必然的趋势，值得结合芯片制造厂房建设的实际情况进一步开展相关的理论研究和实践探索。

图7-1展示了智能制造能力成熟度模型（GB/T 39116—2020），如何从规划级逐步走向规范级乃至集成级、优化级、引领级，是智能制造大背景下芯片制造厂房建设的终极目标，

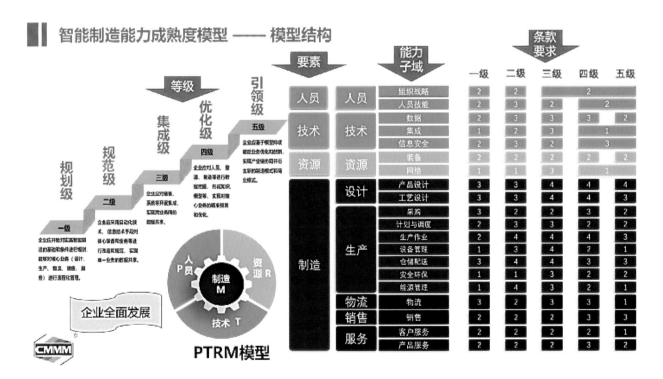

图7-1 智能制造能力成熟度模型（来源：GB/T 39116—2020）

也是基于项目管理知识体系（PMBOK）的芯片制造厂房建设全生命周期管理模型未来的发展方向。

此外，目前国内主要使用的管理软件有Blue–beam图纸管理系统，Aconex管理系统以及Orachle Primavera Cloud管理系统，这样系统也在走国产化路径，广联达的管理系统以及各企业自助研发软件如生特瑞图纸管理系统、质量管理系统、成本管理系统和安全管理系统，提高信息传递、交流、筛选和使用的效率，将来如何创新一个大的信息平台能兼容各种应用软件是我们面临的新的机遇。

本书编写团队简介

张岚

生特瑞（上海）工程顾问股份有限公司联合创始人

参与美国投资的集成电路，航空，汽车和主题公园项目建设和管理工作，主要方向是前期策划，设计，采购和施工管理工作，擅长与欧美团队的沟通管理，致力于全产业链协同与开发，同时注重理论研究工作。

刘建强

生特瑞（上海）工程顾问股份有限公司项目总监

参与过多个国内外客户投资的大型集成电路，整车制造项目，大型商业综合体，超大石油化工建设等管理工作，对建设项目实施的全过程管理有丰富的经验和优势，包含设计，采购和施工管理工作，并擅长与国内外客户的沟通管理，保障项目在约定工期，限定成本下高质量完成，并确保项目实施安全。

方艺

生特瑞（上海）工程顾问股份有限公司设计副总裁

参与过多个国内外客户投资的大型集成电路、液晶平板、制药、医疗器械和主题公园项目的设计管理工作。主要方向包括选址、可研、场地规划、方案、基础设计、施工图设计和现场支持在内的全过程设计。擅长和境外业主团队进行沟通，并带领设计团队根据境外业主的要求，结合国内外法律法规，完成项目设计和报批工作。

陈健
生特瑞（上海）工程顾问股份有限公司高科技事业部总监

　　参与过多个国内外客户投资的大型集成电路、整车制造项目、主题乐园建设和其他高科技项目的建设管理工作，对建设项目实施的全过程管理有丰富的经验和优势，如政府许可、设计，采购、施工管理和最终项目交付，并擅长与国内外客户沟通，保障项目按照确定的项目安全、质量、进度和成本目标成功交付。

强震宇
上海生特瑞建设有限公司总监

　　参与多个国内半导体厂房、制药、国际主体乐园项目的前期策划、立项、报审和设计管理工作。熟悉国内外的规范和申报流程，擅长整合各方的需求和理念，里程碑式推动项目前进。

张昊宸
上海生特瑞建设有限公司项目经理

　　参与过多个工业建设工程项目管理工作，主要方向包括项目设计管理、采购管理、施工管理等，擅长利用系统化的需求管理方法，结合工程实践经验向需求方提供建设性咨询意见，对项目复杂且多变的需求进行有效管控，确保项目的可行性。

范志涛
上海生特瑞建设有限公司高级合约经理

参与过多个国际化工建设工程及主题乐园项目建设工程项目商务管理工作，主要方向包括项目前期市场调研、采购管理、项目实施过程中的合同谈判、变更及索赔管理等，擅长通过建立商务管理模型，系统搭建商务管理流程及体系，借助数据库资源，不断提高预测及适用效率，探索持续、高效、具备竞争力的项目商务管理方法。

岳赟
生特瑞（上海）工程顾问股份有限公司暖通工程师

参与过多个国内外投资的大型半导体芯片、集成电路生产及封装测试厂和主题公园项目的设计和设计管理工作，主要方向为方案设计，基础设计，施工图设计和设计管理工作，擅长半导体行业洁净室暖通系统设计，高效、高质量地实现业主需求和规范要求。

蒋熠颖
生特瑞（上海）工程顾问股份有限公司副总裁助理

参与过主题乐园项目后场支持工作，及团队后台统筹，协调推动行政、财务、人事等工作的顺利开展；主要方向是后勤支持、文档处理工作，擅长团队内部沟通管理，同时协助开展研发部事务等。

参考文献

［1］ 丁士昭:《工程施工管理》，北京：中国建筑工业出版社，2004年版。

［2］ 丁士昭:《建筑工程信息化导论》，北京：中国建筑工业出版社，2005年版。

［3］ 邝孔武:《信息系统分析与设计》，北京：清华大学出版社，2006年版。

［4］ 康路晨:《项目管理工具箱》，北京：清华大学出版社，2006年版。

［5］ 曹吉鸣:《工程施工管理学》，北京：中国建筑工业出版社，2009年版。

［6］ [美]鲁宾:《Scrum精髓　敏捷转型实用指南》，北京：清华大学出版社，2014年版。

［7］ 毛志兵:《中国建筑业施工技术发展报告（2015）》，北京：中国建筑工业出版社，2016年版。

［8］ 谢志峰:《芯事》，上海：上海科学技术出版社，2018年版。

［9］ [美]项目管理协会:《项目管理知识体系指南（PMBOK指南）》王勇、张斌译，北京：电子工业出版社，2009年版。

[10] Wenzhong Shi, Michael F. Goodchild, Michael Batty, Mei-Po Kwan, Anshu Zhang:《Urban Informatics》, Springer Singapore, 2021.

[11] 姚凯:《上海市建筑业施工技术发展报告》，上海：上海人民出版社，2021年版。

后记

4月的上海一直在静静地等待，倒是给了我们更多的时间思考、总结。对于这本书，我们团队内部重新组织安排了一下工作内容和写作计划。

第一章和第二章分别是概论和管理模型，均由我自己执笔，旨在从复杂的芯片制造厂房建设项目的管理中提炼出可以通用的模型和子模型。

第三章的内容为设计阶段的管理和案例，由我们团队的方艺、岳赟两位进行设计阶段的各个模型、流程的阐述，包括芯片制造厂房建设中的一些特殊工艺设计，旨在通过设计阶段的管理，将芯片的生产制造要求转化成设计语言和设计目标，再建立起针对这些设计语言和设计目标的管理脉络和管理逻辑。这一章的内容不但需要缜密的思维，也考验着方艺、岳赟两位的设计管理水平，不出所料，两位出色地完成了这一章的编写工作。

第四章针对芯片制造厂房建设项目的施工阶段案例具体展开，由刘建强、陈健执笔，从芯片制造厂房建设中的特殊要求入手，多维度展示了施工阶段的管理要素和解决方案，能够让读者通过施工阶段各环节管理要素的理解，进一步加强对本书提出的管理模型的思考和实践，具有理论联系实际的重要作用。

第五章介绍了芯片制造厂房建设项目中涉及的一些特殊技术的管理，由刘建强、方艺两位进行编写，充分阐述这些特殊技术的管理，对于芯片制造厂房建设项目的管理而言是至关重要的，这些特殊技术不仅是芯片制造厂房交付和投产的关键，也是整个芯片制造厂房建设项目管理的关键路径。两位执笔者图文并茂地展示了上述特殊技术的管理，相信读者可以对这些特殊技术及其管理有更为深入的了解。

第六章由陈健执笔向读者介绍了芯片制造厂房建设过程中的一些具有代表性的优秀专业供应商和设备厂商，优质的合作伙伴是芯片制造厂房建设项目中不可或缺的资源，他们在为项目提供相应的服务或设备的同时，作为芯片制造厂房建设项目的管理要素，几乎参与了项目的整个生命周期，不仅有力地支持了项目的建设和管理，也为项目的管理带来了新的理念和见解。

第七章是本书的最后一章，我在这一章中对全书进行了总结和展望。

团队中的其他成员也各司其职，积极参与相关工作，使得本书能够在最短的时间内成稿并出版，在此感谢大家的付出和努力。

感谢上海大学出版社有限公司的编辑们在本书编辑、出版过程中给予的支持和帮助。

限于我和我的团队的学识和经验，而芯片制造厂房建设项目的管理正在不断地发展和完善，本书中一定会存在着错误、不足和待改进的地方，恳请各位读者批评指正，以使我们改进和完善相关的理论模型。

张岚
2022年10月

写在书后的话

生特瑞（上海）工程顾问股份有限公司与旗下公司，自2004年在中国创建以来，在半导体、汽车、生物医药、化工、主题乐园和大型商业群等领域，为多达500个项目提供了从项目早期的选址、规划、设计、采购到施工管理/施工总包等服务。作为这些项目的主要领导者，张岚先生一直希望将这些项目的管理经验进行总结，将其提升到一定的理论高度，以供业界参考借鉴，供学生学习。

很高兴，今天看到我的最主要合伙人之一，张岚先生，以芯片制造厂房建设项目为切入点，带头先行，迈出了坚实的第一步，带领着他的团队写成了《芯片制造厂房建设全生命周期管理模型理论与实践》一书。

张岚先生25年前就已经获得俄勒冈州立大学的工程管理硕士学位，并长期在工程管理领域的第一线深耕。生特瑞发展史上的几个重要里程碑式的项目：上海晟碟、西安应用材料研发中心、沈阳宝马、上海迪士尼、成都德州仪器、舟山波音工厂，都是由他来领军和主持完成的。但让我感动的是，他在过去的几年里，在繁忙的工作之余，还能在上海交通大学修读博士学位课程，还能静下心来从事学术研究并写书出版。

通览这本书，它以工艺需求和产业发展为出发点，以项目的全生命周期为考量，最大限度地为工程的建设者、理论的实践者和运营的管理者提供了指导和借鉴。

衷心希望本书的出版能够引起业内同行关注，能为中国的半导体产业的发展贡献绵薄之力。

何融

2022年12月

图书在版编目(CIP)数据

芯片制造厂房建设全生命周期管理模型理论与实践 /
张岚等著. — 上海：上海大学出版社，2022.12 （2023.3重印）
ISBN 978-7-5671-4564-1

Ⅰ.①芯… Ⅱ.①张… Ⅲ.①芯片－厂房－建筑工程
Ⅳ.①TU274

中国版本图书馆 CIP 数据核字（2022）第 229413 号

责任编辑　盛国誊
装帧设计　柯国富
技术编辑　金　鑫　钱宇坤

芯片制造厂房建设全生命周期管理模型理论与实践

张　岚　等著

上海大学出版社出版发行
（上海市上大路99号　邮政编码200444）
（https：//www.shupress.cn　发行热线021-66135112）
出版人　戴骏豪

＊

南京展望文化发展有限公司排版
上海颛辉印刷厂有限公司印刷　　各地新华书店经销
开本889mm×1194mm　1/16　印张11.5　字数221千
2022年12月第1版　2023年3月第2次印刷
ISBN 978-7-5671-4564-1/TU·21　定价　89.00元